普通高等教育"十三五"规划教材

电机实训

主编 张宁

中国水利水电出版社
www.waterpub.com.cn
·北京·

内 容 提 要

　　本书在总结长期实践教学经验和分析各类不同的实训、实验教材的基础上，针对高等院校农业工程类本科教育学科的要求进行编写，以补充知识结构中的薄弱环节，解决长期以来理论教学中缺乏完善、系统的实践指导教材的问题。全书共七章，包括单相、三相变压器实验，单相、三相异步电动机实验，同步发电机和同步电动机实验，直流电动机和直流发电机实验，直流他励和三相异步电动机机械特性的测定，及电力拖动继电接触控制等内容。

　　本书适用于电气工程及自动化、农业机械化工程及自动化、热能与动力工程、水利水电工程等农业工程学科专业的课程教学，也可供非电专业学生和农村电气从业人员使用。

图书在版编目（CIP）数据

电机实训 / 张宁主编. -- 北京 ：中国水利水电出版社，2019.7(2023.1重印)
普通高等教育"十三五"规划教材
ISBN 978-7-5170-7890-6

Ⅰ．①电… Ⅱ．①张… Ⅲ．①电机学－高等学校－教材 Ⅳ．①TM3

中国版本图书馆CIP数据核字(2019)第165368号

书　　名	普通高等教育"十三五"规划教材 **电机实训** DIANJI SHIXUN	
作　　者	主编　张宁	
出版发行	中国水利水电出版社 （北京市海淀区玉渊潭南路 1 号 D 座　100038） 网址：www. waterpub. com. cn E - mail：sales@mwr. gov. cn 电话：(010) 68545888（营销中心）	
经　　售	北京科水图书销售有限公司 电话：(010) 68545874、63202643 全国各地新华书店和相关出版物销售网点	
排　　版	中国水利水电出版社微机排版中心	
印　　刷	清淞永业（天津）印刷有限公司	
规　　格	184mm×260mm　16 开本　9.75 印张　250 千字	
版　　次	2019 年 7 月第 1 版　2023 年 1 月第 2 次印刷	
印　　数	1501—2100 册	
定　　价	**32.00 元**	

前　言

本书在总结长期教学实践经验和分析各类不同的实训、实验教材基础上，针对高等院校农业工程类本科教育学科的要求进行编写，以补充知识结构中的薄弱环节，解决长期以来理论教学中缺乏完善、系统的实践指导教材的问题。

本书主要按《电机与拖动》教学大纲的教学内容顺序，将属于交流部分的变压器实验、异步电机实验和同步电机实验集中调整到第2～4章，直流电机部分调整到第5章。本书坚持实训内容叙述的完整性和电路的清晰度，从电机类型、内部电磁原理、外部运行和工作特性入手，指导和操作相结合，着重对电机的基本实验与新型控制方法进行系统阐述，强调通过实践深入探讨电机理论。

全书共7章，包括单相、三相变压器实验，单相、三相异步电动机实验，同步发电机和同步电动机实验，直流电动机和直流发电机实验，直流他励和三相异步电动机机械特性的测定，以及电力拖动继电接触控制等内容。主要从电机及电气技术实训的基本要求和安全操作规程入手，围绕变压器、异步电机、同步电机和直流电机四大主机，进行各电机的运行、工作和机械特性测试，并做并联、不对称运行和分析，电力拖动继电控制及电动机的启动、调速、制动等操作。每个环节都编写有实验报告、思考题。

本书由张宁任主编，王红雨、张巍、陈春玲任副主编。各章编写分工如下：第1章由王红雨、张巍、陈春玲编写，第2～7章由张宁编写，全书由张宁统稿。本书在编写过程中得到了西北农林科技大学和天煌科技实业有限公司的大力支持和帮助，在此表示衷心感谢。

本书适用于电气工程及自动化、农业机械化工程及自动化、热能与动力工程、水利水电工程等农业工程学科专业的课程教学，也可供非电专业学生和农村电气从业人员使用。

由于编者学识有限，书中难免存在失误和疏漏之处，敬请广大读者不吝批评指正。

编者

2019 年 4 月

目 录

前言

第 1 章 基本要求和安全操作规程 ·· 1

1.1 基本要求 ·· 1

1.2 安全操作规程 ·· 2

1.3 交流及直流电源操作 ·· 2

第 2 章 变压器实验 ·· 4

2.1 单相变压器 ·· 4

2.2 三相变压器 ·· 10

2.3 三相变压器的连接组和不对称短路 ·· 17

2.4 三相三绕组变压器 ·· 26

2.5 单相变压器的并联运行 ·· 29

2.6 三相变压器的并联运行 ·· 32

第 3 章 异步电机实验 ·· 35

3.1 三相鼠笼异步电动机的工作特性 ·· 35

3.2 三相异步电动机的启动与调速 ·· 43

3.3 单相电容启动异步电动机 ·· 47

3.4 单相电容运转异步电动机 ·· 51

3.5 单相电阻启动异步电动机 ·· 54

3.6 双速异步电动机 ·· 57

3.7 三相鼠笼异步电动机不对称运行 ·· 60

第 4 章 同步电机实验 ·· 62

4.1 三相同步发电机的运行特性 ·· 62

4.2 三相同步发电机的并网运行 ·· 67

4.3 三相同步电动机 ·· 72

4.4 三相同步发电机参数的测定 ·· 76

4.5 三相同步发电机突然短路 ·· 80

4.6 三相同步发电机不对称运行 ·· 85

第 5 章　直流电机实验 ·· 89

　5.1　认识实验 ·· 89

　5.2　直流发电机 ·· 93

　5.3　直流并励电动机 ·· 98

　5.4　直流串励电动机 ·· 102

第 6 章　电机机械特性的测定 ·· 105

　6.1　直流他励电动机在各种运行状态下的机械特性 ············ 105

　6.2　三相异步电动机在各种运行状态下的机械特性 ············ 109

　6.3　三相异步电动机 $T-s$ 曲线测绘 ······························ 114

第 7 章　电力拖动继电接触控制 ···································· 119

　7.1　三相异步电动机点动和自锁控制线路 ····················· 119

　7.2　三相异步电动机正反转控制线路 ·························· 122

　7.3　顺序控制线路 ·· 126

　7.4　三相鼠笼异步电动机降压启动控制线路 ··················· 129

　7.5　三相线绕式异步电动机启动控制线路 ····················· 134

　7.6　三相异步电动机能耗制动控制线路 ······················· 136

　7.7　三相异步电动机单向启动及反接制动控制线路 ··········· 138

　7.8　两地控制线路 ·· 140

　7.9　工作台自动往返循环控制线路 ···························· 142

　7.10　车床电气控制线路 ·· 144

　7.11　电动葫芦电气控制线路 ·· 146

参考文献 ··· 148

附录 1　受试电机铭牌数据一览表 ···································· 149

附录 2　标准直流测功机测试典型值及校正曲线 ··················· 150

第1章 基本要求和安全操作规程

1.1 基 本 要 求

电机实训的目的在于培养学生掌握基本的实验方法与操作技能，培养学生能根据实验目的、实验内容及实验设备来拟定实验线路，选择所需仪表，确定实验步骤，测取所需数据，进行分析研究，得出必要结论，从而完成实验报告。在整个实验过程中，学生必须集中精力，及时认真做好实验。现按实验过程对学生提出下列基本要求。

1.1.1 准备工作

实验前，应复习教科书有关章节，认真研读电机实训，了解实验目的、项目、方法与步骤，明确实验过程中应注意的问题，有些内容可到实验室对照实验预习，如熟悉组件的编号、使用及其规定值等，并按照实验项目准备记录抄表等。

实验前，应写好预习报告，经检查认为确实做好了实验前的准备，方可开始做实验。

认真做好实验前的准备工作，对于培养学生独立工作能力，提高实验质量和保护实验设备都是很重要的。

1.1.2 操作过程

1. 建立小组，合理分工

每次实验都以小组为单位进行，每组2～3人，实验进行中的接线、调节负载、保持电压或电流、记录数据等工作每人应有明确的分工，以保证实验操作协调，记录数据准确可靠。

2. 选择组件和仪表

先熟悉该次实验所用的组件，记录电机铭牌和选择仪表量程，然后依次排列组件和仪表便于测取数据。

3. 按图接线

根据实验线路图及所选组件、仪表，按图接线，线路力求简单明了。一般的接线原则是先接串联主回路，再接并联支路。为查找线路方便，每路可用相同颜色的导线。

4. 启动电机，观察仪表

在开始正式实验之前，先熟悉仪表刻度，并记下倍率，然后按一定规范启动电机，观察所有仪表是否正常，如指针正、反向是否超满量程等。如果出现异常，应立即切断电源，排除故障；如果一切正常，即可正式开始实验。

5. 测取数据

预习时，对电机的试验方法及所测数据的大小做到心中有数。正式实验时，根据实验步骤逐次测取数据。

6. 认真负责，实验有始有终

实验完毕，须将数据提交审核。经认可后，才允许拆线并将实验所用的组件、导线及仪器等物品整理好。

1.1.3　撰写报告

撰写报告是根据实测数据和在实验中观察和发现的问题，经过分析研究或分析讨论后写出的心得体会。

实验报告应简明扼要、字迹清楚、图表整洁、结论明确。

实验报告包括以下内容：

（1）实验名称、专业班级、学号、姓名、实验日期、室温。

（2）列出实验中所用组件的名称及编号，电机铭牌数据（P_N、U_N、I_N、n_N）等。

（3）列出实验项目并绘出实验时所用的电路图，并注明仪表量程、电阻器阻值、电源端编号等。

（4）数据的整理和计算。

（5）按记录及计算的数据用坐标纸画出曲线，图纸尺寸不小于 8cm×8cm。曲线要用曲线尺或曲线板连成光滑曲线，不在曲线上的点仍按实际数据标出。

（6）根据数据和曲线进行计算和分析，说明实验结果与理论是否相符，可对某些问题提出一些自己的见解并给出最后结论。实验报告应写在一定规格的报告纸上，保持整洁。

（7）每次实验每人独立完成一份报告，按时送交批阅。

1.2　安　全　操　作　规　程

为了按时完成电机实训任务，确保实验时人身与设备安全，要严格遵守安全操作规程。

（1）实验时，人体不可接触带电线路。

（2）接线或拆线都必须在切断电源的情况下进行。

（3）独立完成接线或改接线路后，必须经检查和允许，并使组内其他同学引起注意后方可接通电源。实验中如发生事故，应立即切断电源，查清问题和妥善处理故障后，才能继续进行实验。

（4）电机如直接启动，则应先检查功率表及电流表的电流量程是否符合要求，有否短路回路存在，以免损坏仪表或电源。

（5）总电源或实验台控制屏上的电源接通应由实验指导人员控制，其他人只能在指导人员允许后方可操作，不得自行合闸。

1.3　交流及直流电源操作

1.3.1　开启及关闭电源操作

开启及关闭电源都在控制屏上操作。开启三相交流电源的步骤如下：

（1）开启电源前，要检查控制屏下方"直流电机电源"的"电枢电源"开关（右下方）及"励磁电源"开关（左下方）都须在关断的位置。控制屏左侧端面上安装的调压器旋钮必须在零位，即必须将它逆时针旋转到底。

（2）检查无误后，开启"电源总开关"，"停止"按钮指示灯亮，表示实验装置的进线接到电源，但还不能输出电压。此时在电源输出端进行实验电路接线操作是安全的。

（3）按下"启动"按钮，"启动"按钮指示灯亮，表示三相交流调压电源输出插孔 U、V、W 及 N 上已接电。实验电路所需的不同大小的交流电压，都可适当旋转调压器旋钮用导线从三相四线制插孔中取得。输出线电压为 0～450V（可调）并由控制屏上方的三只交流电压表指示。当电压表下面左边的"指示切换"开关拨向"三相电网电压"时，指示三相电网进线的线电压；当"指示切换"开关拨向"三相调压电压"时，指示三相四线制插孔 U、V、W 和 N 输出端的线电压。

（4）实验中如果需要改接线路，必须按下"停止"按钮以切断交流电源，保证实验操作安全。实验完毕，还需关断"电源总开关"，并将控制屏左侧端面上安装的调压器旋钮调回到零位。将"直流电机电源"的"电枢电源"开关及"励磁电源"开关拨回到关断位置。

1.3.2　开启直流电机电源操作

（1）直流电源由交流电源变换而来，开启"直流电机电源"，必须先完成开启交流电源，即开启"电源总开关"并按下"启动"按钮。

（2）在此之后，接通"励磁电源"开关，可获得约 220V、0.5A 不可调的直流电压输出。接通"电枢电源"开关，可获得 40～230V、3A 可调节的直流电压输出。励磁电源电压及电枢电源电压都可由控制屏下方的一只直流电压表指示。当该电压表下方的"指示切换"开关拨向"电枢电压"时，指示电枢电源电压；当将它拨向"励磁电压"时，指示励磁电源电压。但在电路上，"励磁电源"与"电枢电源"，"直流电机电源"与"交流三相调压电源"都是经过三相多绕组变压器隔离的，可独立使用。

（3）"电枢电源"是脉宽调制型开关式稳压电源，输入端接有滤波用的大电容，为了不使过大的充电电流损坏电源电路，采用了限流延时的保护电路。所以本电源在开机时，从"电枢电源"开关合闸刀直流电压输出有 3～4s 的延时，这是正常的。

（4）电枢电源设有过电压和过电流指示告警保护电路。当输出电压出现过电压时，会自动切断输出，并告警指示。此时需要恢复输出，必须先将"电压调节"旋钮逆时针旋转调低电压到正常值（约 240V 以下），再按"过电压复位"按钮，即能输出电压。当负载电流过大（即负载电阻过小）超过 3A 时，也会自动切断输出，并告警指示，此时需要恢复输出，只要调小负载电流（即调大负载电阻）即可。有时候在开机时出现过电流告警，说明在开机时负载电流太大，需要降低负载电流，可在电枢电源输出端增大负载电阻甚至暂时拔掉一根导线（空载）开机，待直流输出电压正常后，再插回导线加正常负载（不可短路）工作。若在空载时开机仍发生过电流告警，这是气温或湿度明显变化，造成光电耦合器 TIL117 漏电使过电流保护起控点改变所致，一般经过空载开机（即开启交流电源后，再开启"电枢电源"开关）预热几十分钟，即可停止告警，恢复正常。所有这些操作到直流电压输出都有 3～4s 的延时。

（5）在做直流电动机实验时，要注意开机时须先开"励磁电源"后开"电枢电源"；在关机时，则要先关"电枢电源"而后关"励磁电源"的次序。同时要注意在电枢电路中串联启动电阻以防止电源过电流保护。

第2章 变压器实验

2.1 单相变压器

2.1.1 实验目的

(1) 通过空载和短路实验测定变压器的变比和参数。

(2) 通过负载实验测定变压器的运行特性。

2.1.2 预习要点

(1) 变压器的空载和短路实验有什么特点？实验中电源电压一般加在哪一方较合适？

(2) 在空载和短路实验中，各种仪表应怎样连接才能使测量误差最小？

(3) 如何用实验方法测定变压器的铁耗及铜耗？

2.1.3 实验项目

1. 空载实验

空载特性：$U_0 = f(I_0)$，$P_0 = f(U_0)$，$\cos\varphi_0 = f(U_0)$。

2. 短路实验

短路特性：$U_k = f(I_k)$，$P_k = f(I_k)$，$\cos\varphi_k = f(I_k)$。

3. 负载实验

(1) 纯电阻负载：保持 $U_1 = U_N$、$\cos\varphi_2 = 1$ 的条件下，$U_2 = f(I_2)$。

(2) 阻感性负载：保持 $U_1 = U_N$、$\cos\varphi_2 = 0.8$ 的条件下，$U_2 = f(I_2)$。

2.1.4 选用组件

1. 实验设备

实验设备见表2.1。

表 2.1   实 验 设 备 表

序号	名　　称	数 量	序号	名　　称	数 量
1	数/模交流电压表	1	5	三相可调电阻器	1
2	数/模交流电流表	1	6	三相可调电抗器	1
3	智能型功率、功率因数表	1	7	波形测试及开关板	1
4	三相组式变压器	1			

2. 屏上挂件排列顺序

数/模交流电压表，三相组式变压器，数/模交流电流表，智能型功率、功率因数表，波形测试及开关板，三相可调电阻器，三相可调电抗器。

2.1.5 实验方法

1. 空载实验

(1) 在三相调压交流电源断电的条件下，按图2.1接线。被测变压器选用三相组式变压器中的一只作为单相变压器，其额定容量 $P_N = 77V \cdot A$，$U_{1N}/U_{2N} = 220V/55V$，$I_{1N}/I_{2N} = 0.35A/1.4A$。变压器的低压线圈 a、x 接电源，高压线圈 A、X 开路。

（2）选好所有测量仪表量程。将控制屏左侧调压器旋钮逆时针旋转到底，即将其调到输出电压为零的位置。

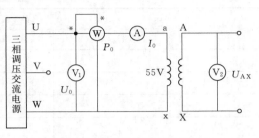

（3）合上交流电源总开关，按下"启动"按钮，便接通了三相交流电源。调节三相调压器旋钮，使变压器空载电压 $U_0 = 1.2U_N$，然后逐次降低电源电压，在 $(1.2 \sim 0.3)U_N$ 范围内测量变压器的 U_0、I_0、P_0。

图 2.1 空载实验接线图

（4）测数据时，$U_0 = U_N$ 点必须测，并在该点附近测的点较密，共测 7～8 组，记录于表 2.2。

（5）为了计算变压器的变比，当一次电压低于 U_N 时，将测出的二次电压数据记录于表 2.2 中。

表 2.2 数 据 记 录 表

序号	U_0/V	I_0/A	P_0/W	U_{AX}/V	$\cos\varphi_0$

2. 短路实验

（1）按下控制屏上的"停止"按钮，切断三相调压交流电源，按图 2.2 接线（以后每次改接线路，都要关断电源）。将变压器的高压线圈接电源，低压线圈直接短路。

（2）选好所有测量仪表量程，将交流调压器旋钮调到输出电压为零的位置。

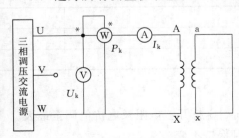

图 2.2 短路实验接线图

（3）接通交流电源，逐次缓慢增加输入电压，直至短路电流等于 $1.1I_N$，在 $(0.2 \sim 1.1)I_N$ 范围内测量变压器的 U_k、I_k、P_k。

（4）测数据时，$I_k = I_N$ 点必须测，共测 6～7 组，记录于表 2.3。实验时记下周围环境温度。

3. 负载实验

实验线路如图 2.3 所示。变压器低压线圈接电源，高压线圈经过开关 S_1 和 S_2 接到负载电阻 R_L 和电抗 X_L 上。R_L 选用三相可调电阻器上 4 只 900Ω 变阻器相串联共 3600Ω 阻值，X_L 选用三相可调电抗器，功率因数表选用智能型功率、功率因数表，开关 S_1 和 S_2 选用波形测试及开关板挂箱。

表 2.3 　　　　　　　　　　　　　数 据 记 录 表 　　　　　　　　　室温＿＿＿℃

序号	实 验 数 据			计算数据
	U_k/V	I_k/A	P_k/W	$\cos\varphi_k$

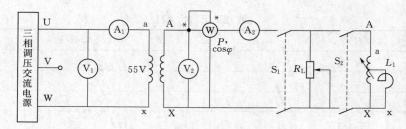

图 2.3　负载实验接线图

（1）纯电阻负载。

1）将调压器旋钮调到输出电压为零的位置，S_1、S_2 打开，负载电阻值调到最大。

2）接通交流电源，逐渐升高电源电压，使变压器输入电压 $U_1=U_N$。

3）保持 $U_1=U_N$，合上 S_1，逐渐增加负载电流，即减小负载电阻 R_L 的值，从空载到额定负载的范围内，测量变压器的输出电压 U_2 和电流 I_2。

4）测数据时，$I_2=0$ 和 $I_2=I_{2N}=0.35A$ 必测，共测 6～7 组，记录于表 2.4。

表 2.4 　　　　　　　　　　　　数 据 记 录 表 　　　　　$\cos\varphi_2=1$，$U_1=U_N=$＿＿＿ V

序 号							
U_2/V							
I_2/A							

（2）阻感性负载（$\cos\varphi_2=0.8$）。

1）将电抗器 X_L 和 R_L 并联作为变压器的负载，S_1、S_2 打开，电阻及电抗值调至最大。

2）接通交流电源，升高电源电压至 $U_1=U_{1N}$，且保持不变。

3）合上 S_1、S_2，在保持 $U_1=U_N$ 及 $\cos\varphi_2=0.8$ 条件下，逐渐增加负载电流，从空载到额定负载的范围内，测量变压器 U_2 和 I_2。

4）测数据时，$I_2=0$ 和 $I_2=I_{2N}$ 两点必测，共测 6～7 组，记录于表 2.5。

表 2.5	数据记录表	$\cos\varphi_2 = 0.8$, $U_1 = U_N = $ ___ V					
序 号							
U_2/V							
I_2/A							

2.1.6 注意事项

（1）在变压器实验中，应注意电压表、电流表、功率表的合理布置及量程选择。

（2）短路实验操作要快，否则线圈发热会引起电阻变化。

2.1.7 实验报告

1. 计算变比

由空载实验测变压器的一次、二次电压，分别计算出变比，然后取其平均值作为变压器的变比 k。

$$k = U_{AX}/U_{ax}$$

2. 绘制空载特性曲线和计算激磁参数

（1）绘制空载特性曲线 $U_0 = f(I_0)$，$P_0 = f(U_0)$，$\cos\varphi_0 = f(U_0)$。

$$\cos\varphi_0 = \frac{P_0}{U_0 I_0}$$

（2）计算激磁参数。从空载特性曲线上查出对应于 $U_0 = U_N$ 时的 I_0 和 P_0 值，并由下式算出激磁参数。

$$r_m = \frac{P_0}{I_0^2}$$

$$Z_m = \frac{U_0}{I_0}$$

$$X_m = \sqrt{Z_m^2 - r_m^2}$$

3. 绘制短路特性曲线和计算短路参数

（1）绘制短路特性曲线 $U_k = f(I_k)$、$P_k = f(I_k)$、$\cos\varphi_k = f(I_k)$。

（2）计算短路参数。从短路特性曲线上查出对应于短路电流 $I_k = I_N$ 时的 U_k 和 P_k 值，由下式算出实验环境温度为 $\theta(℃)$ 时的短路参数。

$$Z_k' = \frac{U_k}{I_k}$$

$$r_k' = \frac{P_k}{I_k^2}$$

$$X_k' = \sqrt{Z_k'^2 - r_k'^2}$$

折算到低压侧，则

$$Z_k = \frac{Z_k'}{k^2}$$

$$r_k = \frac{r_k'}{k^2}$$

$$X_k = \frac{X_k'}{k^2}$$

由于短路电阻 r_k 随温度变化，因此，算出的短路电阻应按国家标准换算到基准工作温度 75℃时的阻值。

$$r_{k75℃} = r_{k\theta} \frac{234.5 + 75}{234.5 + \theta}$$

$$Z_{k75℃} = \sqrt{r_{k75℃}^2 + X_k^2}$$

式中：234.5 为铜导线的常数，若用铝导线常数应改为 228。

计算短路电压（阻抗电压）百分数，即

$$u_k = \frac{I_N Z_{k75℃}}{U_N} \times 100\%$$

$$u_{kr} = \frac{I_N r_{k75℃}}{U_N} \times 100\%$$

$$u_{kX} = \frac{I_N X_k}{U_N} \times 100\%$$

$I_k = I_N$ 时短路损耗 $P_{kN} = I_N^2 r_{k75℃}$。

4. 计算变压器的一次和二次电阻

利用空载和短路实验测定的参数，画出被试变压器折算到低压侧的 T 型等效电路。要分离一次和二次电阻，可用万用表测出每侧的直流电阻，设 R_1' 为一次绕组的直流电阻折算到二次侧的数值，R_2 为二次绕组的直流电阻。r_k 已折算到二次侧，应有

$$r_k = r_1' + r_2$$
$$r_1' / R_1' = r_2 / R_2$$

联立方程组求解可得 r_1' 及 r_2。一次侧和二次侧的漏阻抗无法用实验方法分离，通常取 $X_1' = X_2 = X_k / 2$。

5. 计算变压器的电压变化率

（1）绘出 $\cos\varphi_2 = 1$ 和 $\cos\varphi_2 = 0.8$ 两条外特性曲线 $U_2 = f(I_2)$，由特性曲线计算出 $I_2 = I_{2N}$ 时的电压变化率。

$$\Delta u = \frac{U_{20} - U_2}{U_{20}} \times 100\%$$

（2）根据实验求出的参数，算出 $I_2 = I_{2N}$、$\cos\varphi_2 = 1$ 和 $I_2 = I_{2N}$、$\cos\varphi_2 = 0.8$ 时的电压变化率 Δu。

$$\Delta u = u_{kr}\cos\varphi_2 + u_{kX}\sin\varphi_2$$

将两种计算结果进行比较，并分析不同性质的负载对变压器输出电压 U_2 的影响。

6. 绘制被试变压器的效率特性曲线

（1）用间接法算出 $\cos\varphi_2 = 0.8$ 不同负载电流时的变压器效率，记录于表 2.6。

$$\eta = \left(1 - \frac{P_0 + I_2^{*2} P_{kN}}{I_2^* P_N \cos\varphi_2 + P_0 + I_2^{*2} P_{kN}}\right) \times 100\%$$

$$I_2^* P_N \cos\varphi_2 = P_2$$

式中：P_{kN} 为变压器 $I_k = I_N$ 时的短路损耗，W；P_0 为变压器 $U_0 = U_N$ 时的空载损耗，W；$I_2^* = I_2 / I_{2N}$ 为二次电流标幺值。

表 2.6　　　　　　　　　数 据 记 录 表　$\cos\varphi_2 = 0.8$，$P_0 = $____ W，$P_{kN} = $____ W

I_2^*	P_2/W	η	I_2^*	P_2/W	η
0.2			0.8		
0.4			1.0		
0.6			1.2		

（2）由计算数据绘制变压器的效率曲线 $\eta = f(I_2^*)$。

（3）计算被试变压器 $\eta = \eta_{\max}$ 时的负载系数 β_{m}。

$$\beta_{\mathrm{m}} = \sqrt{\frac{P_0}{P_{kN}}}$$

2.2 三 相 变 压 器

2.2.1 实验目的

(1) 通过空载和短路实验，测定三相变压器的变比和参数。

(2) 通过负载实验，测定三相变压器的运行特性。

2.2.2 预习要点

(1) 如何用双瓦特计法测三相功率，空载和短路实验应如何合理布置仪表？

(2) 三相芯式变压器的三相空载电流是否对称，为什么？

(3) 如何测定三相变压器的铁耗和铜耗？

(4) 变压器空载和短路实验时应注意哪些问题？一般电源应加在哪一侧比较合适？

2.2.3 实验项目

1. 测定变比

计算变比，并求平均变比，$k = \frac{1}{3}(k_{AB} + k_{BC} + k_{AC})$。

2. 空载实验

空载特性 $U_{0L} = f(I_{0L})$，$P_0 = f(U_{0L})$，$\cos\varphi_0 = f(U_{0L})$。

3. 短路实验

短路特性 $U_{kL} = f(I_{kL})$，$P_k = f(I_{kL})$，$\cos\varphi_k = f(I_{kL})$。

4. 纯电阻负载实验

保持 $U_1 = U_N$、$\cos\varphi_2 = 1$ 的条件下，$U_2 = f(I_2)$。

2.2.4 选用组件

1. 实验设备

实验设备见表 2.7。

表 2.7   实 验 设 备 表

序号	名　　称	数量	序号	名　　称	数量
1	数/模交流电压表	1	4	三相芯式变压器	1
2	数/模交流电流表	1	5	三相可调电阻器	1
3	智能型功率、功率因数表	1	6	波形测试及开关板	1

2. 屏上挂件排列顺序

数/模交流电压表，数/模交流电流表，三相芯式变压器，智能型功率、功率因数表，波形测试及开关板，三相可调电阻器。

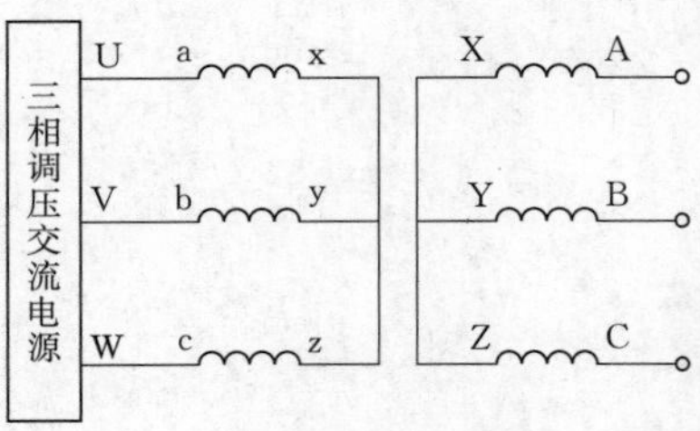

2.2.5 实验方法

1. 测定变比

实验线路如图 2.4 所示，被测三相芯式变压器选用三相三线圈芯式变压器，额定容量 $P_N = 152/152/152\text{V} \cdot \text{A}$，$U_N = 220/63.6/55\text{V}$，$I_N = 0.4/1.38/1.6\text{A}$，$Y/\triangle/Y$ 接法。实验时只用高、低压两组线圈，低压线圈接电源，

图 2.4　三相变压器变比实验接线图

高压线圈开路。将三相交流电源调到输出电压为零的位置。开启控制屏上钥匙开关，按下"启动"按钮，电源接通后，调节外施电压 $U = 0.5U_N = 27.5\text{V}$，测量高、低线圈的线电压 U_{AB}、U_{BC}、U_{CA}、U_{ab}、U_{bc}、U_{ca}，记录于表2.8。

表2.8 数 据 记 录 表

高压绕组线电压/V		低压绕组线电压/V		变比 k	
U_{AB}		U_{ab}		k_{AB}	
U_{BC}		U_{bc}		k_{BC}	
U_{CA}		U_{ca}		k_{CA}	

计算变比 k，其中

$$k_{AB} = \frac{U_{AB}}{U_{ab}} \quad k_{BC} = \frac{U_{BC}}{U_{bc}} \quad k_{CA} = \frac{U_{CA}}{U_{ca}}$$

则平均变比为

$$k = \frac{1}{3}(k_{AB} + k_{BC} + k_{CA})$$

2. 空载实验

（1）将控制屏左侧三相交流电源的调压旋钮逆时针旋转到底，使输出电压为零。按下"停止"按钮，在断电条件下，按图2.5接线。变压器低压线圈接电源，高压线圈开路。

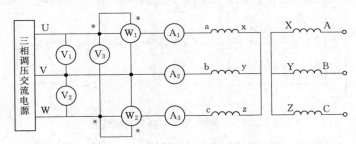

图2.5 三相变压器空载实验接线图

（2）按下"启动"按钮接通三相交流电源，调节电压，使变压器的空载电压 $U_{0L} = 1.2U_N$。

（3）逐次降低电源电压，在 $(1.2 \sim 0.2)U_N$ 范围内，测量变压器三相线电压、线电流和功率。

（4）测数据时，$U_{0L} = U_N$点必测，且在其附近多测几组，共测8～9组，记录于表2.9。

表2.9 数 据 记 录 表

序号	实 验 数 据								计 算 数 据			
	U_{0L}/V			I_{0L}/A			P_0/W		U_{0L} /V	I_{0L} /A	P_0 /W	$\cos\varphi_0$
	U_{ab}	U_{bc}	U_{ca}	I_{a0}	I_{b0}	I_{c0}	P_{01}	P_{02}				
1												
2												
3												
4												

序号	实 验 数 据								计 算 数 据			
	U_{0L}/V			I_{0L}/A			P_0/W		U_{0L} /V	I_{0L} /A	P_0 /W	$\cos\varphi_0$
	U_{ab}	U_{bc}	U_{ca}	I_{a0}	I_{b0}	I_{c0}	P_{01}	P_{02}				
5												
6												
7												
8												
9												

3. 短路实验

(1) 将控制屏左侧的调压旋钮逆时针旋转到底，使三相交流电源的输出电压为零。按下"停止"按钮，在断电条件下，按图 2.6 接线。变压器高压线圈接电源，低压线圈直接短路。

(2) 按下"启动"按钮接通三相交流电源，缓慢增大电源电压，使变压器的短路电流 $I_{kL}=1.1I_N$。

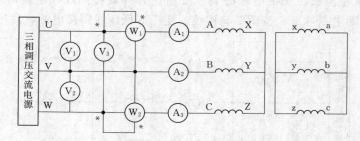

图 2.6　三相变压器短路实验接线图

(3) 逐次降低电源电压，在 $(1.1\sim0.3)I_N$ 范围内，测量变压器的三相输入电压、电流及功率。

(4) 测数据时，$I_{kL}=I_N$ 点必测，共测 5～6 组，记录于表 2.10。实验时记下周围环境温度，作为线圈的实际温度。

表 2.10　　　　　　　　　　　**数 据 记 录 表**　　　　　　　　　　室温＿＿＿℃

序号	实 验 数 据								计 算 数 据			
	U_{kL}/V			I_{kL}/A			P_k/W		U_{kL} /V	I_{kL} /A	P_k /W	$\cos\varphi_k$
	U_{AB}	U_{BC}	U_{CA}	I_{Ak}	I_{Bk}	I_{Ck}	P_{k1}	P_{k2}				

4. 纯电阻负载实验

（1）将控制屏左侧的调压旋钮逆时针旋转到底，使三相交流电源的输出电压为零。按下"停止"按钮，按图2.7接线。变压器低压线圈接电源，高压线圈经开关S接负载电阻R_L，R_L选用三相可调电阻器（1800Ω变阻器，共3只），开关S选用波形测试及开关板挂件。将负载电阻R_L阻值调至最大，打开开关S。

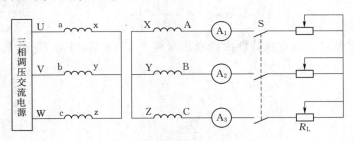

图2.7 三相变压器负载实验接线图

（2）按下"启动"按钮接通电源，调节交流电压，使变压器的输入电压$U_1=U_N$。

（3）在保持$U_1=U_{1N}$不变的条件下，合上开关S，逐次增加负载电流，从空载到额定负载范围内，测量三相变压器输出线电压和相电流。

（4）测数据时，$I_2=0$和$I_2=I_N$两点必测，共测7～8组，记录于表2.11。

表2.11　　　　　　　　　　**数 据 记 录 表**　　　　　$U_1=U_{1N}=$____ V，$\cos\varphi_2=1$

序号	U_2/V				I_2/A			
	U_{AB}	U_{BC}	U_{CA}	U_2	I_A	I_B	I_C	I_2

2.2.6　注意事项

在三相变压器实验中，应注意电压表、电流表和功率表的合理布置。做短路实验时操作要快，否则线圈发热会引起电阻变化。

2.2.7　实验报告

1. 计算变压器的变比

根据实验数据，计算各线电压之比，然后取其平均值作为变压器的变比。

$$k_{AB}=\frac{U_{AB}}{U_{ab}},\ k_{BC}=\frac{U_{BC}}{U_{bc}},\ k_{CA}=\frac{U_{CA}}{U_{ca}}$$

2. 绘制空载特性曲线和计算激磁参数

（1）绘制空载特性曲线$U_{0L}=f(I_{0L})$，$P_0=f(U_{0L})$，$\cos\varphi_0=f(U_{0L})$。表2.9中

$$U_{0L} = \frac{U_{ab} + U_{bc} + U_{ca}}{3}$$

$$I_{0L} = \frac{I_a + I_b + I_c}{3}$$

$$P_0 = P_{01} + P_{02}$$

$$\cos\varphi_0 = \frac{P_0}{\sqrt{3}U_{0L}I_{0L}}$$

（2）计算激磁参数。从空载特性曲线查出对应于 $U_{0L}=U_N$ 时的 I_{0L} 和 P_0 值，并由下式求取激磁参数。

$$r_m = \frac{P_0}{3I_{0\varphi}^2}$$

$$Z_m = \frac{U_{0\varphi}}{I_{0\varphi}} = \frac{U_{0L}}{\sqrt{3}I_{0L}}$$

$$X_m = \sqrt{Z_m^2 - r_m^2}$$

其中
$$U_{0\varphi} = \frac{U_{0L}}{\sqrt{3}}, \; I_{0\varphi} = I_{0L}$$

式中：$U_{0\varphi}$、$I_{0\varphi}$、P_0 分别为变压器空载相电压、相电流、三相空载功率（注：Y 接法，以后计算变压器和电机参数时都要换算成相电压、相电流）。

3. 绘制短路特性曲线和计算短路参数

（1）绘制短路特性曲线 $U_{kL}=f(I_{kL})$，$P_k=f(I_{kL})$，$\cos\varphi_k=f(I_{kL})$。表 2.10 中

$$U_{kL} = \frac{U_{AB} + U_{BC} + U_{CA}}{3}$$

$$I_{kL} = \frac{I_{Ak} + I_{Bk} + I_{Ck}}{3}$$

$$P_k = P_{k1} + P_{k2}$$

$$\cos\varphi_k = \frac{P_k}{\sqrt{3}U_{kL}I_{kL}}$$

（2）计算短路参数。从短路特性曲线查出对应于 $I_{kL}=I_N$ 时的 U_{kL} 和 P_k 值，并由下式算出实验环境温度时的短路参数。

$$r_k' = \frac{P_k}{3I_{k\varphi}^2}$$

$$Z_k' = \frac{U_{k\varphi}}{I_{k\varphi}} = \frac{U_{kL}}{\sqrt{3}I_{kL}}$$

$$X_k' = \sqrt{Z_k'^2 - r_k'^2}$$

其中
$$U_{k\varphi} = \frac{U_{kL}}{\sqrt{3}}, \; I_{k\varphi} = I_{kL} = I_N$$

式中：$U_{k\varphi}$、$I_{k\varphi}$、P_k 分别为短路时的相电压、相电流、三相短路功率。

折算到低压侧，则有

$$Z_k = \frac{Z_k'}{k^2}$$

$$r_k = \frac{r'_k}{k^2}$$

$$X_k = \frac{X'_k}{k^2}$$

换算到基准工作温度下的短路参数 $r_{k75℃}$ 和 $Z_{k75℃}$，计算短路电压百分数 u_k，及其电阻分量 u_{kr} 和电抗分量 u_{kX}。

$$u_k = \frac{I_{N\varphi}Z_{k75℃}}{U_{N\varphi}} \times 100\%$$

$$u_{kr} = \frac{I_{N\varphi}r_{k75℃}}{U_{N\varphi}} \times 100\%$$

$$u_{kX} = \frac{I_{N\varphi}X_k}{U_{N\varphi}} \times 100\%$$

计算 $I_k = I_N$ 时的短路损耗，即

$$P_{kN} = 3I_{N\varphi}^2 r_{k75℃}$$

4. 计算变压器的一次和二次电阻

根据空载和短路实验测定的参数，画出被试变压器的 T 型等效电路。要分离一次和二次电阻，可用万用表测出每相绕组的直流电阻，然后取其平均值。设 R'_1 为一次绕组的直流电阻折算到二次侧的数值，R_2 为二次绕组的直流电阻。r_k 已折算到二次侧，应有

$$r_k = r'_1 + r_2$$
$$r'_1 / R'_1 = r_2 / R_2$$

联立方程组求解可得 r'_1 及 r_2。一次侧和二次侧的漏阻抗无法用实验方法分离，通常取 $X'_1 = X_2 = \dfrac{X_k}{2}$。

5. 计算变压器的电压变化率

（1）根据实验数据绘制 $\cos\varphi_2 = 1$ 时的特性曲线 $U_2 = f(I_2)$，由特性曲线计算出 $I_2 = I_{2N}$ 时的电压变化率。

$$\Delta u = \frac{U_{20} - U_2}{U_{20}} \times 100\%$$

（2）根据实验求出的参数，算出 $I_2 = I_N$、$\cos\varphi_2 = 1$ 时的电压变化率。

$$\Delta u = \beta(u_{kr}\cos\varphi_2 + u_{kX}\sin\varphi_2)$$

6. 绘制被试变压器的效率特性曲线

（1）用间接法算出 $\cos\varphi_2 = 0.8$ 不同负载电流时的变压器效率，记录于表 2.12。

表 2.12 　　　　　　　　　　　数 据 记 录 表　　$\cos\varphi_2 = 0.8$，$P_0 = $＿＿ W，$P_{kN} = $＿＿ W

I_2^*	P_2/W	η	I_2^*	P_2/W	η
0.2			0.8		
0.4			1.0		
0.6			1.2		

$$\eta = \left(1 - \frac{P_0 + I_2^{*2}P_{kN}}{I_2^* P_N\cos\varphi_2 + P_0 + I_2^{*2}P_{kN}}\right) \times 100\%$$

$$I_2^* P_N\cos\varphi_2 = P_2$$

式中：P_N 为变压器的额定容量；P_{kN} 为变压器 $I_{kL} = I_N$ 时的短路损耗；P_0 为变压器 $U_{0L} = U_N$ 时的空载损耗。

（2）计算被测变压器 $\eta = \eta_{max}$ 时的负载系数 β_m。

$$\beta_m = \sqrt{\frac{P_0}{P_{kN}}}$$

2.3 三相变压器的连接组和不对称短路

2.3.1 实验目的

（1）掌握用实验方法测定三相变压器的同名端。

（2）掌握用实验方法判别变压器的连接组别。

（3）研究三相变压器不对称短路。

（4）观察三相变压器不同绕组连接法和不同铁芯结构对空载电流和电势波形的影响。

2.3.2 预习要点

（1）连接组的定义。为什么要研究连接组？国家规定的标准连接组有哪几种？

（2）如何把 Y/Y-12 连接组改成 Y/Y-6 连接组以及把 Y/△-11 改为 Y/△-5 连接组？

（3）在不对称短路情况下，哪种连接的三相变压器电压中点偏移较大？

（4）三相变压器绕组的连接法和磁路系统对空载电流和电势波形的影响。

2.3.3 实验项目

（1）测定极性。

（2）连接并判定以下连接组：

1）Y/Y-12。

2）Y/Y-6。

3）Y/△-11。

4）Y/△-5。

（3）不对称短路。

1）Y/Y_0-12 单相短路。

2）Y/Y-12 两相短路。

（4）测定 Y/Y_0 连接的变压器的零序阻抗。

（5）观察不同连接法和不同铁芯结构对空载电流和电势波形的影响。

2.3.4 选用组件

1. 实验设备

实验设备见表 2.13。

表 2.13　　　　　　　　　　　实 验 设 备 表

序号	名　　称	数量	序号	名　　称	数量
1	数/模交流电压表	1	5	三相芯式变压器	1
2	数/模交流电流表	1	6	波形测试及开关板	1
3	智能型功率、功率因数表	1	7	单踪示波器（另配）	1
4	三相组式变压器	1			

2. 屏上挂件排列顺序

数/模交流电压表，数/模交流电流表，智能型功率、功率因数表，三相芯式变压器，三相组式变压器，波形测试及开关板。

2.3.5 实验方法

1. 测定极性

(1) 测定相间极性。被测变压器选用三相芯式变压器,用其中高压和低压两组绕组,额定容量 $P_N=152/152$ V·A, $U_N=220/55$ V, $I_N=0.4/1.6$ A,Y/Y 接法。测得阻值大的为高压绕组,用 A、B、C、X、Y、Z 标记;低压绕组标记用 a、b、c、x、y、z。

1) 按图 2.8 接线,A、X 接电源的 U、V 两端子,Y、Z 短接。

2) 接通交流电源,在绕组 A、X 间施加约 50% U_N 的电压。

3) 用电压表测出电压 U_{BY}、U_{CZ}、U_{BC},若 $U_{BC}=|U_{BY}-U_{CZ}|$,则首末端标记正确;若 $U_{BC}=|U_{BY}+U_{CZ}|$,则标记不对,须将 B、C 两相任一相绕组的首末端标记对调。

4) 用同样方法,将 B、C 两相中的任一相施加电压,另外两相末端相连,定出每相首、末端正确的标记。

(2) 测定一次侧、二次侧极性。

1) 暂时标出三相低压绕组的标记 a、b、c、x、y、z,然后按图 2.9 接线,一次侧、二次侧中点用导线相连。

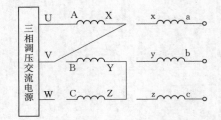 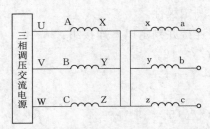

图 2.8 测定相间极性接线图   图 2.9 测定一次侧、二次侧极性接线图

2) 高压三相绕组施加约 50% 的额定电压,用电压表测量电压 U_{AX}、U_{BY}、U_{CZ}、U_{ax}、U_{by}、U_{cz}、U_{Aa}、U_{Bb}、U_{Cc}。若 $U_{Aa}=U_{AX}-U_{ax}$,则 A 相高、低压绕组同相,并且首端 A 与 a 端点为同极性;若 $U_{Aa}=U_{AX}+U_{ax}$,则 A 与 a 端点为异极性;若 U_{Aa} 都不符合上述关系式,则不是对应的低压绕组。

3) 用同样的方法判别出 B、b,C、c 两相一次侧、二次侧的极性。

4) 高低压三相绕组的极性确定后,根据要求连接出不同的连接组。

2. 检验连接组

(1) Y/Y-12。按图 2.10 接线。A、a 两端点用导线连接,在高压侧施加三相对称的额定电压,测出 U_{AB}、U_{ab}、U_{Bb}、U_{Cc} 及 U_{Bc},将数据记录于表 2.14。

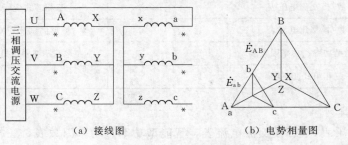

(a) 接线图   (b) 电势相量图

图 2.10 Y/Y-12 连接组

表 2.14　　　　　　　　　　　　　　数　据　记　录　表

实　验　数　据					$k_L = \dfrac{U_{AB}}{U_{ab}}$	计　算　数　据		
U_{AB}/V	U_{ab}/V	U_{Bb}/V	U_{Cc}/V	U_{Bc}/V		U_{Bb}/V	U_{Cc}/V	U_{Bc}/V

根据 Y/Y-12 连接组的电势相量图可得

$$U_{Bb} = U_{Cc} = (k_L - 1)U_{ab}$$

$$U_{Bc} = U_{ab}\sqrt{k_L^2 - k_L + 1}$$

$$k_L = \frac{U_{AB}}{U_{ab}}$$

若用计算出的电压 U_{Bb}、U_{Cc}、U_{Bc} 的数值与实验的数值相同，则表示绕组连接正确，属于 Y/Y-12 连接组。

（2）Y/Y-6。将 Y/Y-12 连接组的二次绕组首、末端标记对调，A、a 两端点用导线相连，如图 2.11 所示。

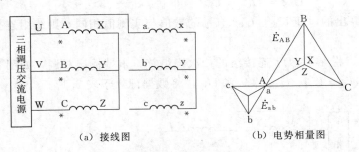

（a）接线图　　　　　　（b）电势相量图

图 2.11　Y/Y-6 连接组

按前面方法测出电压 U_{AB}、U_{ab}、U_{Bb}、U_{Cc} 及 U_{Bc}，将数据记录于表 2.15。

表 2.15　　　　　　　　　　　　　　数　据　记　录　表

实　验　数　据					$k_L = \dfrac{U_{AB}}{U_{ab}}$	计　算　数　据		
U_{AB}/V	U_{ab}/V	U_{Bb}/V	U_{Cc}/V	U_{Bc}/V		U_{Bb}/V	U_{Cc}/V	U_{Bc}/V

根据 Y/Y-6 连接组的电势相量图可得

$$U_{Bb} = U_{Cc} = (k_L + 1)U_{ab}$$

$$U_{Bc} = U_{ab}\sqrt{k_L^2 + k_L + 1}$$

若由上两式计算出的电压 U_{Bb}、U_{Cc}、U_{Bc} 的数值与实测值相同，则绕组连接正确，属于 Y/Y-6 连接组。

（3）Y/△-11。按图 2.12 接线。A、a 两端点用导线相连，高压侧施加对称额定电压，测出 U_{AB}、U_{ab}、U_{Bb}、U_{Cc} 及 U_{Bc}，将数据记录于表 2.16。

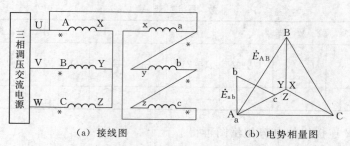

（a）接线图 （b）电势相量图

图 2.12 Y/△-11 连接组

表 2.16 数 据 记 录 表

实 验 数 据					计 算 数 据			
U_{AB}/V	U_{ab}/V	U_{Bb}/V	U_{Cc}/V	U_{Bc}/V	$k_L = \dfrac{U_{AB}}{U_{ab}}$	U_{Bb}/V	U_{Cc}/V	U_{Bc}/V

根据 Y/△-11 连接组的电势相量图可得

$$U_{Bb} = U_{Cc} = U_{Bc} = U_{ab} \sqrt{k_L^2 - \sqrt{3}k_L + 1}$$

若由上式计算出的电压 U_{Bb}、U_{Cc}、U_{Bc} 的数值与实测值相同，则绕组连接正确，属于 Y/△-11 连接组。

（4）Y/△-5。将 Y/△-11 连接组的二次绕组首、末端标记对调，如图 2.13 所示。实验方法同前，测出 U_{AB}、U_{ab}、U_{Bb}、U_{Cc} 和 U_{Bc}，将数据记录于表 2.17。

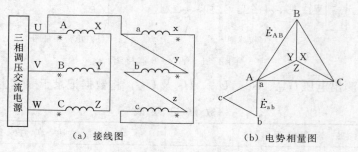

（a）接线图 （b）电势相量图

图 2.13 Y/△-5 连接组

表 2.17 数 据 记 录 表

实 验 数 据					计 算 数 据			
U_{AB}/V	U_{ab}/V	U_{Bb}/V	U_{Cc}/V	U_{Bc}/V	$k_L = \dfrac{U_{AB}}{U_{ab}}$	U_{Bb}/V	U_{Cc}/V	U_{Bc}/V

根据 Y/△-5 连接组的电势相量图可得

$$U_{Bb} = U_{Cc} = U_{Bc} = U_{ab} \sqrt{k_L^2 + \sqrt{3}k_L + 1}$$

若由上式计算出的电压 U_{Bb}、U_{Cc}、U_{Bc} 的数值与实测值相同，则绕组连接正确，属于 Y/△-5 连接组。

3. 不对称短路

(1) Y/Y₀连接单相短路。

1) 三相芯式变压器。按图 2.14 接线，被试变压器选用三相芯式变压器。将控制屏左侧的调压旋钮逆时针旋转到底，使三相交流电源的输出电压为零，接通电源，逐渐增加外施电压，直至二次短路电流 $I_{2k} \approx I_{2N}$，测出二次短路电流 I_{2k} 和一次电流 I_A、I_B、I_C，将数据记录于表 2.18。

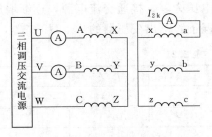

图 2.14　Y/Y₀连接单相短路接线图

表 2.18　　　　　数 据 记 录 表

I_{2k}/A	I_A/A	I_B/A	I_C/A	U_a/V	U_b/V	U_c/V
U_A/V	U_B/V	U_C/V	U_{AB}/V	U_{BC}/V	U_{CA}/V	

2) 三相组式变压器。被测变压器改为三相组式变压器，接通电源，逐渐施加外加电压，直至 $U_{AB}=U_{BC}=U_{CA}=220V$，测出二次短路电流和一次电流 I_A、I_B、I_C，将数据记录于表 2.19。

表 2.19　　　　　数 据 记 录 表

I_{2k}/A	I_A/A	I_B/A	I_C/A	U_a/V	U_b/V	U_c/V
U_A/V	U_B/V	U_C/V	U_{AB}/V	U_{BC}/V	U_{CA}/V	

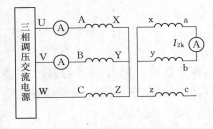

图 2.15　Y/Y连接两相短路接线图

(2) Y/Y连接两相短路。

1) 三相芯式变压器。按图 2.15 接线，将交流电源电压调至零位置。接通电源，逐渐增加外施电压，直至 $I_{2k} \approx I_{2N}$，测出变压器二次短路电流 I_{2k} 和一次电流 I_A、I_B、I_C，将数据记录于表 2.20。

2) 三相组式变压器。被测变压器改为三相组式变压器，重复上述实验，数据记录于表 2.21。

表 2.20　　　　　数 据 记 录 表

I_{2k}/A	I_A/A	I_B/A	I_C/A	U_a/V	U_b/V	U_c/V
U_A/V	U_B/V	U_C/V	U_{AB}/V	U_{BC}/V	U_{CA}/V	

4. 测定变压器的零序阻抗

(1) 三相芯式变压器。按图 2.16 接线，三相芯式变压器的高压绕组开路，三相低压绕组首末端串联后接到电源。将控制屏左侧的调压旋钮逆时针旋转到底，使三相交流电源的输出电压为零，接通交流电源，逐渐增加外施电压，在输入电流 $I_0 = 0.25I_N$ 和 $I_0 = 0.5I_N$ 两种情况下，测出变压器的 I_0、U_0 和 P_0，将数据记录于表 2.22。

表 2.21 数 据 记 录 表

I_{2k}/A	I_A/A	I_B/A	I_C/A	U_a/V	U_b/V	U_c/V

U_A/V	U_B/V	U_C/V	U_{AB}/V	U_{BC}/V	U_{CA}/V	

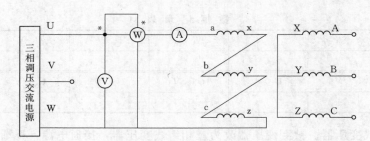

图 2.16 测零序阻抗接线图

表 2.22 数 据 记 录 表

I_{0L}/A	U_{0L}/V	P_{0L}/W
$0.25I_N =$		
$0.5I_N =$		

（2）三相组式变压器。由于三相组式变压器的磁路彼此独立，因此可用三相组式变压器中任何一台单相变压器做空载实验，求取的激磁阻抗即为三相组式变压器的零序阻抗。若前面单相变压器空载实验已做过，该实验可略。

5. 不同连接方法时空载电流和电势的波形

（1）三相组式变压器。

1）Y/Y 连接。按图 2.17 接线，三相组式变压器作 Y/Y 连接，把开关 S 打开（不接中线）。接通电源后，调节输入电压使变压器在 $0.5U_N$ 和 U_N 两种情况下，通过示波器观察空载电流 i_0、二次侧相电势 e_φ 和线电势 e_L 的波形（注：Y 接法 $U_N = 380V$）。

在变压器输入电压为额定值时，用电压表测出一次线电压 U_{AB} 和相电压 U_{AX}，将数据记录于表 2.23（注：实验之前，打开控制屏背面右侧后盖，将保护开关拨至关断位置，以防误操作。做完实验后再合上保护开关）。

表 2.23 数 据 记 录 表

实 验 数 据		计 算 数 据
U_{AB}/V	U_{AX}/V	U_{AB}/U_{AX}

2）Y_0/Y 连接。接线与 Y/Y 连接相同，合上开关 S，即为 Y_0/Y 接法。重复前面实验步骤，观察 i_0，e_φ，e_L 波形，并在 $U_1 = U_N$ 时测出 U_{AB} 和 U_{AX}，将数据记录于表 2.24。

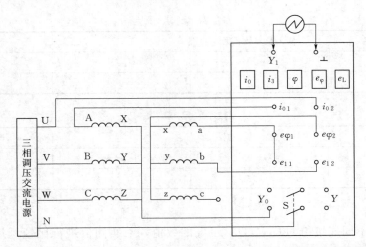

图 2.17 观察 Y/Y 和 Y₀/Y 连接三相变压器空载电流和电势波形的接线图

表 2.24   数 据 记 录 表

实 验 数 据		计 算 数 据
U_{AB}/V	U_{AX}/V	U_{AB}/U_{AX}

3）Y/△连接。按图 2.18 接线，开关 S 合向左边，使二次绕组不构成封闭三角形。接通电源，调节变压器输入电压至额定值，通过示波器观察一次空载电流 i_0、相电压 U_φ、二次开路电势 U_{az} 的波形，并用电压表测出一次线电压 U_{AB}、相电压 U_{AX} 以及二次开路电压 U_{az}，将数据记录于表 2.25。

向右合上开关 S，使二次测为△接法，重复前面实验步骤，观察 i_0、U_φ 以及二次三角形回路中谐波电流的波形，并在 $U_1 = U_{1N}$ 时，测出 U_{AB}、U_{AX} 以及二次三角形回路中谐波电流，将数据记录于表 2.26。

（2）选用三相芯式变压器，重复三相组式变压器的波形实验，将不同铁芯结构所得的结果进行分析比较（注：三相芯式变压器高压绕组为 Y 接法时 $U_N = 220V$）。

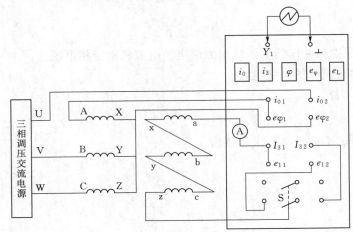

图 2.18   观察 Y/△连接三相变压器空载电流三次谐波电流和电势波形的接线图

23

表 2.25 数 据 记 录 表

实 验 数 据			计 算 数 据
U_{AB}/V	U_{AX}/V	U_{az}/V	U_{AB}/U_{AX}

表 2.26 数 据 记 录 表

实 验 数 据			计 算 数 据
U_{AB}/V	U_{AX}/V	$I_{谐波}/A$	U_{AB}/U_{AX}

2.3.6 实验报告

（1）计算出不同连接组的 U_{Bb}、U_{Cc}、U_{Bc} 的数值，与实测值进行比较，判别绕组连接是否正确。

（2）计算零序阻抗。Y/Y_0 三相芯式变压器的零序参数由下式求得

$$Z_0 = \frac{U_{0\varphi}}{I_{0\varphi}} = \frac{U_{0L}}{3I_{0L}}$$

$$r_0 = \frac{P_0}{3I_{0\varphi}^2}$$

$$X_0 = \sqrt{Z_0^2 - r_0^2}$$

其中
$$U_{0\varphi} = \frac{U_{0L}}{\sqrt{3}}, \quad I_{0\varphi} = I_{0L}$$

式中：$U_{0\varphi}$、$I_{0\varphi}$、P_0 分别为变压器空载相电压、相电流和三相空载功率。

分别计算 $I_0 = 0.25I_N$ 和 $I_0 = 0.5I_N$ 时的 Z_0、r_0、X_0，取其平均值作为变压器的零序阻抗、电阻和电抗，并按下式算出标幺值。

$$Z_0^* = \frac{I_{N\varphi}Z_0}{U_{N\varphi}}$$

$$r_0^* = \frac{I_{N\varphi}r_0}{U_{N\varphi}}$$

$$X_0^* = \frac{I_{N\varphi}X_0}{U_{N\varphi}}$$

式中：$I_{N\varphi}$ 和 $U_{N\varphi}$ 分别为变压器低压绕组的额定相电流和额定相电压。

（3）计算短路情况下的一次电流。

1）Y/Y_0 单相短路。

二次电流：$\dot{I}_a = \dot{I}_{2k}$，$\dot{I}_b = \dot{I}_c = 0$。

设略去激磁电流不计，则一次电流为

$$\dot{I}_A = -\frac{2\dot{I}_{2k}}{3k}$$

$$\dot{I}_B = \dot{I}_C = \frac{\dot{I}_{2k}}{3k}$$

式中：k 为变压器的变比。

将 $\dot{I}_A$、$\dot{I}_B$、$\dot{I}_C$ 计算值与实测值进行比较，分析产生误差的原因，并讨论 Y/Y$_0$ 三相组式变压器带单相负载的能力以及中点移动的原因。

2）Y/Y 两相短路。

二次电流：$\dot{I}_a = -\dot{I}_b = \dot{I}_{2k}$，$\dot{I}_c = 0$。

一次电流：$\dot{I}_A = -\dot{I}_B = \dfrac{-\dot{I}_{2k}}{k}$，$\dot{I}_c = 0$。

把实测值与用公式计算出的数值进行比较，并做简要分析。

（4）分析不同连接法和不同铁芯结构对三相变压器空载电流和电势波形的影响。

（5）由实验数据算出 Y/Y 和 Y/△接法时的 U_{AB}/U_{AX}，分析产生差别的原因。

（6）根据实验观察，说明三相组式变压器不宜采用 Y/Y$_0$ 和 Y/Y 连接方法的原因。

2.3.7 变压器连接组校核公式

变压器连接组校核公式（设 $U_{ab} = 1$，$U_{AB} = k_L U_{ab} = k_L$）见表 2.27。

表 2.27   **变压器连接组校核公式表**

组别	$U_{Bb} = U_{Cc}$	U_{Bc}	U_{Bc}/U_{Bb}
12	$k_L - 1$	$\sqrt{k_L^2 - k_L + 1}$	>1
1	$\sqrt{k_L^2 - \sqrt{3}k_L + 1}$	$\sqrt{k_L^2 + 1}$	>1
2	$\sqrt{k_L^2 - k_L + 1}$	$\sqrt{k_L^2 + k_L + 1}$	>1
3	$\sqrt{k_L^2 + 1}$	$\sqrt{k_L^2 + \sqrt{3}k_L + 1}$	>1
4	$\sqrt{k_L^2 + k_L + 1}$	$k_L + 1$	>1
5	$\sqrt{k_L^2 + \sqrt{3}k_L + 1}$	$\sqrt{k_L^2 + \sqrt{3}k_L + 1}$	$=1$
6	$k_L + 1$	$\sqrt{k_L^2 + k_L + 1}$	<1
7	$\sqrt{k_L^2 + \sqrt{3}k_L + 1}$	$\sqrt{k_L^2 + 1}$	<1
8	$\sqrt{k_L^2 + k_L + 1}$	$\sqrt{k_L^2 - k_L + 1}$	<1
9	$\sqrt{k_L^2 + 1}$	$\sqrt{k_L^2 - \sqrt{3}k_L + 1}$	<1
10	$\sqrt{k_L^2 - k_L + 1}$	$k_L - 1$	<1
11	$\sqrt{k_L^2 - \sqrt{3}k_L + 1}$	$\sqrt{k_L^2 - \sqrt{3}k_L + 1}$	$=1$

2.4 三相三绕组变压器

2.4.1 实验目的

(1) 掌握三相三绕组变压器参数测定的方法。

(2) 了解三绕组变压器带负载后输出电压的变化情况。

2.4.2 预习要点

(1) 三绕组变压器的等效电路及参数测定方法。

(2) 引起三绕组变压器输出电压变化的因素及电压变化率的计算方法。

(3) 根据被试变压器的铭牌数据,自行设计实验接线图和记录表格,并选择仪表。

2.4.3 实验项目

(1) 空载实验和变比测定。

(2) 短路实验。

(3) 负载实验。

2.4.4 选用组件

1. 实验设备

实验设备见表 2.28。

表 2.28 实 验 设 备 表

序号	名　　称	数量	序号	名　　称	数量
1	数/模交流电压表	1	4	三相芯式变压器	1
2	数/模交流电流表	1	5	三相可调电阻器	1
3	智能型功率、功率因数表	1	6	三相可调电抗器	1

2. 屏上挂件排列顺序

数/模交流电压表,数/模交流电流表,智能型功率、功率因数表,三相芯式变压器,三相可调电阻器,三相可调电抗器。

2.4.5 实验方法

1. 空载实验

(1) 低压绕组作为一次绕组接电源,其他两绕组开路。

(2) 实验方法与三相双绕组变压器相同。

(3) 为了测定变比,在实验中需同时测定高压、中压和低压绕组的空载电压。

2. 短路实验

按照下述方法分别进行三次短路实验:

(1) 高压绕组施加电压,中压绕组短路,低压绕组开路。

(2) 低压绕组施加电压,高压绕组短路,中压绕组开路。

(3) 低压绕组施加电压,中压绕组短路,高压绕组开路。

3. 负载实验

低压绕组接电源,高压绕组接阻感性负载($\cos\varphi_2 = 0.8$),中压绕组接纯电阻负载($\cos\varphi_2 = 1$)。在保持低压绕组额定电压的情况下,将高压、中压绕组的电流分别加到 50% 额定电流为止，测中压、低压绕组输出的电压、电流和功率因数，将数据记录于表格。

2.4.6 实验报告

1. 绘制空载特性曲线

计算三相三绕组变压器的变比，即

$$k_{12} = U_1 / U_2$$
$$k_{13} = U_1 / U_3$$
$$k_{23} = U_2 / U_3$$

式中：U_1、U_2、U_3分别为高压、中压、低压绕组的三相平均相电压。

2. 计算短路参数并画出等效电路图

根据短路实验（1）算出 Z_{k12}、r_{k12} 和 X_{k12}；根据短路实验（2）算出 Z_{k31}、r_{k31} 和 X_{k31}；根据短路实验（3）算出 Z_{k32}、r_{k32} 和 X_{k32}。

将 Z_{k12} 折算到低压侧，有

$$Z'_{k12} = \frac{Z_{k12}}{k_{12}^2} = r'_{k12} + jX'_{k12}$$

低压绕组的参数为

$$Z_3 = \frac{1}{2}(Z_{k31} + Z_{k32} - Z'_{k12})$$

$$r_3 = \frac{1}{2}(r_{k31} + r_{k32} - r'_{k12})$$

$$X_3 = \frac{1}{2}(X_{k31} + X_{k32} - X'_{k12})$$

中压绕组的参数为

$$Z'_2 = \frac{1}{2}(Z_{k32} + Z'_{k12} - Z_{k31})$$

$$r'_2 = \frac{1}{2}(r_{k32} + r'_{k12} - r_{k31})$$

$$X'_2 = \frac{1}{2}(X_{k32} + X'_{k12} - X_{k31})$$

高压绕组的参数为

$$Z'_1 = \frac{1}{2}(Z_{k31} + Z'_{k12} - Z_{k32})$$

$$r'_1 = \frac{1}{2}(r_{k31} + r'_{k12} - r_{k32})$$

$$X'_1 = \frac{1}{2}(X_{k31} + X'_{k12} - X_{k32})$$

最后，再将短路电阻和电抗换算到基准工作温度时的值。

3. 计算三绕组变压器的电压变化率

高压绕组的电压变化率为

$$\Delta u_{31} = u_{kr31}\cos\varphi_1 + u_{kX31}\sin\varphi_1 + u_{r2}\cos\varphi_2 + u_{X2}\sin\varphi_2$$

式中，高压绕组折算到低压方的短路电压的电阻分量和电抗分量为

$$u_{kr31} = \frac{I'_1 r_{k31}}{U_{3N\varphi}} \times 100\%$$

$$u_{kX31} = \frac{I'_1 X_{k31}}{U_{3N\varphi}} \times 100\%$$

折算到低压方的中压方电阻和电抗标幺值为

$$u_{r2} = \frac{I'_2 r_3}{U_{3N\varphi}} \times 100\%$$

$$u_{X2} = \frac{I'_2 X_3}{U_{3N\varphi}} \times 100\%$$

中压绕组折算到低压方的短路电压的电阻分量和电抗分量为

$$u_{kr32} = \frac{I'_2 r_{k32}}{U_{3N\varphi}} \times 100\%$$

$$u_{kX32} = \frac{I'_2 X_{k32}}{U_{3N\varphi}} \times 100\%$$

折算到低压方的高压方电阻和电抗标幺值为

$$u_{r1} = \frac{I'_1 r_3}{U_{3N\varphi}} \times 100\%$$

$$u_{X1} = \frac{I'_1 X_3}{U_{3N\varphi}} \times 100\%$$

以上各式所有电阻均为基准工作温度时的阻值。$U_{3\varphi}$为低压绕组额定相电压，I'_1、I'_2分别为折算到低压侧的高压和中压侧的负载电流。

将电压变化率的计算值与实测值进行比较并做简要的分析。

2.5 单相变压器的并联运行

2.5.1 实验目的

（1）学习变压器投入并联运行的方法。

（2）研究并联运行时阻抗电压对负载分配的影响。

2.5.2 预习要点

（1）单相变压器并联运行的条件。

（2）如何验证两台变压器具有相同的极性？若极性不同，并联会产生什么后果？

（3）阻抗电压对负载分配的影响。

2.5.3 实验项目

（1）将两台单相变压器投入并联运行。

（2）阻抗电压相等的两台单相变压器并联运行，研究其负载分配情况。

（3）阻抗电压不相等的两台单相变压器并联运行，研究其负载分配情况。

2.5.4 选用组件

1. 实验设备

实验设备见表 2.29。

表 2.29　　　　　　　　　　　　**实 验 设 备 表**

序号	名　　　称	数量	序号	名　　　称	数量
1	数/模交流电压表	1	4	三相可调电阻器	1
2	数/模交流电流表	1	5	波形测试及开关板	1
3	三相组式变压器	1			

2. 屏上挂件排列顺序

数/模交流电压表，三相组式变压器，数/模交流电流表，波形测试及开关板，三相可调电阻器。

2.5.5 实验方法

1. 两台单相变压器空载投入并联运行步骤

实验线路如图 2.19 所示，图中单相变压器 1、2 选用三相组式变压器中任意两组，变压器的高压绕组并连接电源，低压绕组经开关 S_1 并联后，再由开关 S_3 接负载电阻 R_L。由于负载电流较大，R_L 可采用串并联接法（选用三相可调电阻器的 90Ω 与 90Ω 并联再与 180Ω 串联，共 225Ω）的变阻器。为了人为地改变变压器 2 的阻抗电压，在其二次侧串入电阻 R（选用三相可调电阻器的 90Ω 与 90Ω 并联，共 45Ω）。

（1）检查变压器的变比和极性。

1）将开关 S_1、S_3 打开，合上开关 S_2。

2）按下"启动"按钮，调节控制屏左侧调压旋钮使变压器输入电压至额定值，测出两台变压器二次电压 U_{1a1x} 和 U_{2a2x}，若 $U_{1a1x} = U_{2a2x}$，则两台变压器的变比相等，即 $k_1 = k_2$。

3）测出两台变压器二次侧 1a 与 2a 端点之间的电压 U_{1a2a}，若 $U_{1a2a} = U_{1a1x} - U_{2a2x}$，则首端 1a 与 2a 为同极性端；反之为异极性端。

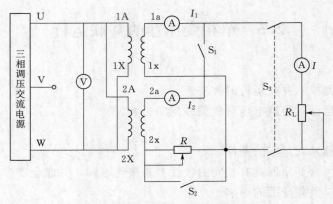

图 2.19 单相变压器并联运行接线图

（2）投入并联。检查两台变压器的变比相等和极性相同后，合上开关 S_1，即投入并联。若 k_1 与 k_2 不是严格相等，将会产生环流。

2. 阻抗电压相等的两台单相变压器并联运行

（1）投入并联后，合上负载开关 S_3。

（2）在保持一次额定电压不变的情况下，逐次增加负载电流（即减小负载 R_L 的阻值，先调节 90Ω 与 90Ω 串联电阻，当减小至零时用导线短接，然后再调节并联电阻部分），直至其中一台变压器的输出电流达到额定电流。

（3）测量 I、I_1、I_2，共测 4～5 组，记录于表 2.30。

表 2.30   数 据 记 录 表

I_1/A	I_2/A	I/A

3. 阻抗电压不相等的两台单相变压器并联运行

打开短路开关 S_2，变压器 2 的二次侧串入电阻 R，R 数值可根据需要调节（一般取 5～10Ω），重复前面实验测出 I、I_1、I_2，共测 5～6 组，记录于表 2.31。

表 2.31   数 据 记 录 表

I_1/A	I_2/A	I/A

2.5.6　实验报告

（1）根据实验 2（表 2.30）的数据，画出负载分配曲线 $I_1 = f(I)$ 及 $I_2 = f(I)$。

（2）根据实验 3（表 2.31）的数据，画出负载分配曲线 $I_1 = f(I)$ 及 $I_2 = f(I)$。

（3）分析实验中阻抗电压对负载分配的影响。

2.6 三相变压器的并联运行

2.6.1 实验目的

学习三相变压器投入并联运行的方法及阻抗电压对负载分配的影响。

2.6.2 预习要点

(1) 三相变压器并联运行的条件。不同连接组并联后会出现什么后果？

(2) 阻抗电压对负载分配的影响。

2.6.3 实验项目

(1) 将两台三相变压器空载投入并联运行。

(2) 阻抗电压相等的两台三相变压器并联运行。

(3) 阻抗电压不相等的两台三相变压器并联运行。

2.6.4 选用组件

1. 实验设备

实验设备见表 2.32。

表 2.32 实 验 设 备 表

序号	名 称	数量	序号	名 称	数量
1	数/模交流电压表	1	4	三相可调电阻器	1
2	数/模交流电流表	1	5	三相可调电抗器	1
3	三相芯式变压器	1	6	波形测试及开关板	1

2. 屏上挂件排列顺序

数/模交流电压表，数/模交流电流表，三相芯式变压器，波形测试及开关板，三相可调电抗器，三相可调电阻器。

2.6.5 实验方法

实验线路如图 2.20 所示，图中变压器 1 和 2 选用两台三相芯式变压器，其中低压绕组不用。由实验 2.3 所述方法确定三相变压器一次侧、二次侧极性后，根据变压器的铭牌接成 Y/Y 接法，将两台变压器的高压绕组并连接电源，中压绕组经开关 S_1 并联后，再由开关 S_2

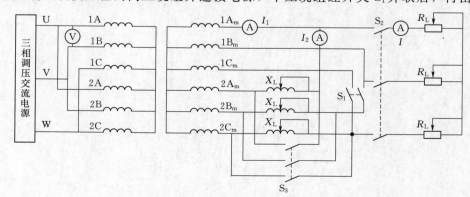

图 2.20 三相变压器并联运行接线图

接负载电阻 R_L。R_L 选用三相可调电阻器上 180Ω 阻值，共 3 组。为了人为地改变变压器 2 的阻抗电压，在变压器 2 的二次侧串入电抗 X_L（或电阻 R）。X_L 选用三相可调电抗器，要注意选用 R_L 和 X_L（或 R）的允许电流应大于实验时实际流过的电流。

1. 两台三相变压器空载投入并联运行步骤

（1）检查变比和连接组。

1）打开 S_1、S_2，合上 S_3。

2）接通电源，调节变压器输入电压至额定电压。

3）测出变压器二次电压，若电压相等，则变比相同；测出二次侧对应相的两端点间的电压，若电压均为零，则连接组相同。

（2）投入并联运行。在满足变比相等和连接组相同的条件后，合上开关 S_1，即投入并联运行。

2. 阻抗电压相等的两台三相变压器并联运行

（1）投入并联后，合上负载开关 S_2。

（2）在保持 $U_1 = U_{1N}$ 不变的条件下，逐次增加负载电流，直至其中一台输出电流达到额定值。

（3）测量 I、I_1、I_2，共测 6～7 组，记录于表 2.33。

表 2.33　　　　　　　　　　　　**数 据 记 录 表**　　　　　　　　　单位：A

I_1	I_2	I

3. 阻抗电压不相等的两台三相变压器并联运行

（1）打开短路开关 S_3，在变压器 2 的二次侧串入电抗 X_L（或电阻 R），X_L 的数值可根据需要调节。

（2）重复前面实验，测量 I、I_1、I_2，共测 6～7 组，记录于表 2.34。

表 2.34　　　　　　　　　　　　**数 据 记 录 表**　　　　　　　　　单位：A

I_1	I_2	I

2.6.6 实验报告

（1）根据实验 2（表 2.33）的数据，画出负载分配曲线 $I_1 = f(I)$ 及 $I_2 = f(I)$。

（2）根据实验 3（表 2.34）的数据，画出负载分配曲线 $I_1 = f(I)$ 及 $I_2 = f(I)$。

（3）分析实验中阻抗电压对负载分配的影响。

第3章 异步电机实验

3.1 三相鼠笼异步电动机的工作特性

3.1.1 实验目的
(1) 掌握用日光灯法测转差率的方法。
(2) 掌握三相异步电动机的空载、堵转和负载试验的方法。
(3) 用直接负载法测取三相鼠笼异步电动机的工作特性。
(4) 测定三相鼠笼异步电动机的参数。

3.1.2 预习要点
(1) 用日光灯法测转差率是利用了日光灯的什么特性？
(2) 异步电动机的工作特性指哪些特性？
(3) 异步电动机的等效电路有哪些参数？它们的物理意义是什么？
(4) 工作特性和参数的测定方法。

3.1.3 实验项目
(1) 测定电机的转差率。
(2) 测量定子绕组的冷态电阻。
(3) 判定定子绕组的首末端。
(4) 空载实验。
(5) 短路实验。
(6) 负载实验。

3.1.4 选用组件
1. 实验设备

实验设备见表3.1。

表 3.1 　　　　　　　　　　　　实 验 设 备 表

序号	名　称	数量	序号	名　称	数量
1	导轨、测速发电机及转速表	1	6	智能型功率、功率因数表	1
2	校正过的直流电机	1	7	直流数字电压、毫安、安培表	1
3	三相鼠笼异步电动机	1	8	三相可调电阻器	1
4	数/模交流电压表	1	9	波形测试及开关板	1
5	数/模交流电流表	1	10	测功支架、测功盘及弹簧秤	1

2. 屏上挂件排列顺序

数/模交流电压表，数/模交流电流表，智能型功率、功率因数表，直流数字电压、毫安、安培表，三相可调电阻器，波形测试及开关板。

3.1.5 实验方法

1. 用日光灯法测定转差率

日光灯是一种闪光灯，当接到 50Hz 电源上时，灯光每秒闪亮 100 次，人的视觉暂留时间约为 0.1s，故用肉眼观察时日光灯是一直发亮的，因此可利用日光灯这一特性来测量电机的转差率。

（1）异步电机选用三相鼠笼异步电动机（$U_N = 220V$，△接法），极数 $2p = 4$，直接与测速发电机同轴连接，在三相鼠笼异步电动机和测速发电机联轴器上用黑胶布包一圈，再用四张白纸条（宽度约为 3mm）均匀地贴在黑胶布上。

（2）由于电机的同步转速 $n_0 = \dfrac{60 f_1}{p} = 1500 \text{r/min} = 25 \text{r/s}$，而日光灯闪亮为 100 次/s，即日光灯闪亮一次，电机转动四分之一圈。由于电机轴上均匀贴有四张白纸条，故电机以同步转速转动时，肉眼观察图案是静止不动的（这个可以用直流电动机、校正过的直流电机和三相同步电机来验证）。

（3）按下"启动"按钮，接通交流电源。打开控制屏上日光灯开关，调节控制屏左侧调压器升高电动机电压，观察电动机转向，如转向不对应停机调整相序。转向正确后，升压至 220V，使电机启动运转，记录此时电机转速。

（4）因三相异步电机转速总是低于同步转速，故灯光每闪亮一次图案逆电机旋转方向落后一个角度，用肉眼观察图案逆电机旋转方向缓慢移动。

（5）按住控制屏报警记录仪"复位"键，手松开之后开始观察图案后移的个数，计数时间可定的短一些（一般取 30s）。将观察到的数据记录于表 3.2。

（6）停机。将调压器调至零位，关断电源开关。

表 3.2　　　　　　　　　数 据 记 录 表

N/转	t/s	s/%	n/(r/min)

转差率为

$$s = \frac{\Delta n}{n} = \frac{\dfrac{60 N}{t}}{\dfrac{60 f_1}{p}} = \frac{pN}{t f_1}$$

式中：t 为计数时间，s；N 为 t 秒内图案转过的圈数；f_1 为电源频率，50Hz；p 为电机的极对数。

（7）将计算出的转差率与实际观测到的转速算出的转差率进行比较。

2. 测量定子绕组的冷态直流电阻

将电机在室内放置一段时间，用温度计测量电机绕组端部或铁芯的温度。当所测温度与冷却介质温度之差不超过 2K 时，即为实际冷态。记录此时的温度和测量定子绕组的直流电阻，此阻值即为冷态直流电阻。

（1）伏安法。测量线路图如图 3.1 所示。直流电源选用主控屏上电枢电源，可先调到 50V 输出电压。开关

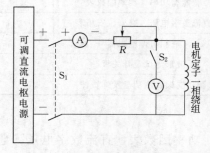

图 3.1　三相交流绕组电阻测定

S_1、S_2选用波形测试及开关板挂箱，R选用三相可调电阻器挂箱上 1800Ω 可调电阻。

量程的选择：测量时，通过的测量电流应小于额定电流的 20％，约小于 60mA，因而直流电流表的量程用 200mA 挡。三相鼠笼异步电动机定子一相绕组的电阻约为 50Ω，因而当流过的电流为 60mA 时，二端电压约为 3V，所以直流电压表量程用 20V 挡。

按图 3.1 接线，把 R 调至最大位置，合上开关 S_1，调节直流电源及 R 阻值使实验电流不超过电机额定电流的 20％，以防因实验电流过大而引起绕组温度上升，读取电流值，再接通开关 S_2 读取电压值。读完后，先打开开关 S_2，再打开开关 S_1。

调节 R 使电流表读数分别为 50mA、40mA、30mA，测取三次，取其平均值，测量定子三相绕组的电阻值，记录于表 3.3。

表 3.3　　　　　　　　　　　　数　据　记　录　表　　　　　　　　　　室温＿＿＿℃

	绕 组 Ⅰ			绕 组 Ⅱ			绕 组 Ⅲ		
I/mA									
U/V									
R/Ω									

注意事项：

1）在测量时，电动机的转子须静止不动。

2）测量通电时间不应超过 1min。

（2）电桥法。用单臂电桥测量电阻时，应先将刻度盘旋到电桥大致平衡的位置，然后按下电池按钮，接通电源，等电桥中的电源达到稳定后，方可按下检流计按钮接入检流计。测量完毕，应先断开检流计，再断开电源，以免检流计受到冲击。数据记录于表 3.4。

电桥法测定绕组直流电阻准确度及灵敏度高，并有直接读数的优点。

表 3.4　　　　　　　　　数　据　记　录　表

	绕 组 Ⅰ	绕 组 Ⅱ	绕 组 Ⅲ
R/Ω			

3. 判定定子绕组的首末端

先用万用表测出各相绕组的两个线端，将其中的任意两相绕组串联，如图 3.2 所示。将控制屏左侧调压器旋钮调至零位，开启钥匙开关，按下"启动"按钮，接通交流电源。调节调压旋钮，并在绕组端施以单相低电压 $U = 80 \sim 100$V，注意电流不应超过额定值，测出第三相绕组的电压，如测得的电压值有一定读数，表示两相绕组的末端与首端相连，如图 3.2

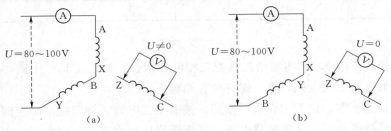

图 3.2　三相交流绕组首末端测定

（a）所示。反之，如测得电压近似为零，则两相绕组的末端与末端（或首端与首端）相连，如图 3.2（b）所示。用同样方法测出第三相绕组的首末端。

4. 空载实验

（1）按图 3.3 接线，电机绕组为△接法（$U_N = 220V$），直接与测速发电机同轴连接，不连接校正直流测功机。

（2）把交流调压器调至电压最小位置，接通电源，逐渐升高电压，使电机启动旋转，观察电机旋转方向。并使电机旋转方向为正转（如转向不符合要求需调整相序时，必须切断电源）。

（3）保持电动机在额定电压下空载运行数分钟，使机械损耗达到稳定后再进行实验。

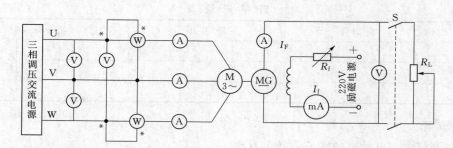

图 3.3　三相鼠笼异步电动机实验接线图

（4）调节电压由 1.2 倍额定电压开始逐渐降低，直至电流或功率显著增大。在这范围内读取空载电压、空载电流、空载功率。

（5）在测取空载实验数据时，在额定电压附近多测几点，共测 7～9 组，记录于表 3.5。

表 3.5　　　　　　　　　　　　　数 据 记 录 表

序号	U_{0L}/V				I_{0L}/A				P_0/W			$\cos\varphi_0$
	U_{AB}	U_{BC}	U_{CA}	U_{0L}	I_A	I_B	I_C	I_{0L}	P_1	P_2	P_0	

5. 短路实验

（1）测量接线同图 3.3。用制动工具把三相电机堵住。制动工具可用测功支架、测功盘及弹簧秤上的圆盘固定在电机轴上，螺杆装在圆盘上。

（2）调压器退至零，按下"启动"按钮，接通交流电源。调节控制屏左侧调压器旋钮使之逐渐升压至短路电流到 1.2 倍额定电流，再逐渐降压至 0.3 倍额定电流为止。

（3）在这范围内读取短路电压、短路电流、短路功率，共测 5～6 组，记录于表 3.6。

表 3.6 　　　　　　　　　数 据 记 录 表

序号	U_{kL}/V				I_{kL}/A				P_k/W			$\cos\varphi_k$
	U_{AB}	U_{BC}	U_{CA}	U_{kL}	I_A	I_B	I_C	I_{kL}	P_1	P_2	P_k	

6. 负载实验

（1）测量接线同图 3.3。同轴连接负载电机，图中 R_f 选用三相可调电阻器上 1800Ω 阻值，R_L 选用三相可调电阻器上 1800Ω 阻值加上 900Ω 并联 900Ω 共 2250Ω 阻值。

（2）按下"启动"按钮，接通交流电源，调节调压器使之逐渐升压至额定电压并保持不变。

（3）合上校正过的直流电机的励磁电源，调节励磁电流至校正值（100mA）并保持不变。

（4）合上开关 S，调节负载电阻 R_L（注：先调节 1800Ω 电阻，调至零值后用导线短接，再调节 450Ω 电阻），使异步电动机的定子电流逐渐上升，直至电流上升到 1.25 倍额定电流。

（5）从这负载开始，逐渐减小负载直至空载（即断开开关 S），在该范围内读取异步电动机的定子电流、输入功率、转速、校正直流测功机的负载电流 I_F 等数据，共测 8～9 组，记录于表 3.7。

表 3.7 　　　数 据 记 录 表 　　$U_1 = U_{1N} = 220V$（△），$I_f = $____ mA

序号	I_{1L}/A				P_1/W			I_F /A	T_2 /(N·m)	n /(r/min)
	I_A	I_B	I_C	I_{1L}	P_I	P_{II}	P_1			

3.1.6 实验报告

1. 计算基准工作温度时的相电阻

由实验直接测得每相电阻值，此值为实际冷态电阻值。冷态温度为室温，按下式换算到

基准工作温度时的定子绕组相电阻

$$r_{1\text{ref}} = r_{1\text{c}} \frac{235 + \theta_{\text{ref}}}{235 + \theta_{\text{c}}}$$

式中：$r_{1\text{ref}}$ 为换算到基准工作温度时定子绕组的相电阻，Ω；$r_{1\text{c}}$ 为定子绕组的实际冷态相电阻，Ω；θ_{ref} 为基准工作温度，对于 E 级绝缘为 75℃；θ_{c} 为实际冷态时定子绕组的温度，℃。

2. 绘制空载特性曲线和短路特性曲线

(1) 作空载特性曲线 I_{0L}、P_0、$\cos\varphi_0 = f(U_{0L})$。

(2) 作短路特性曲线 I_{kL}、$P_k = f(U_{kL})$。

3. 由空载、短路实验数据求异步电动机的等效电路参数

(1) 由短路实验数据求短路参数。

短路阻抗

$$Z_k = \frac{U_{k\varphi}}{I_{k\varphi}} = \frac{\sqrt{3}U_{kL}}{I_{kL}}$$

短路电阻

$$r_k = \frac{P_k}{3I_{k\varphi}^2} = \frac{P_k}{I_{kL}^2}$$

短路电抗

$$X_k = \sqrt{Z_k^2 - r_k^2}$$

其中

$$U_{k\varphi} = U_{kL}, \; I_{k\varphi} = \frac{I_{kL}}{\sqrt{3}}$$

式中：$U_{k\varphi}$、$I_{k\varphi}$、P_k 分别为电动机堵转时的相电压、相电流、三相短路功率（△接法）。

转子电阻的折合值为

$$r_2' \approx r_k - r_{1\text{c}}$$

式中：$r_{1\text{c}}$ 为没有折合到 75℃时的实际值。

定、转子漏抗

$$X_{1\sigma} \approx X_{2\sigma}' \approx \frac{X_k}{2}$$

(2) 由空载试验数据求激磁回路参数。

空载阻抗

$$Z_0 = \frac{U_{0\varphi}}{I_{0\varphi}} = \frac{\sqrt{3}U_{0L}}{I_{0L}}$$

空载电阻

$$r_0 = \frac{P_0}{3I_{0\varphi}^2} = \frac{P_0}{I_{0L}^2}$$

空载电抗

$$X_0 = \sqrt{Z_0^2 - r_0^2}$$

其中
$$U_{0\varphi} = U_{0L}, \quad I_{0\varphi} = \frac{I_{0L}}{\sqrt{3}}$$

式中：$U_{0\varphi}$、$I_{0\varphi}$、P_0 分别为电动机空载时的相电压、相电流、三相空载功率（△接法）。

激磁电抗
$$X_m = X_0 - X_{1\sigma}$$

激磁电阻
$$r_m = \frac{P_{Fe}}{3I_{0\varphi}^2} = \frac{P_{Fe}}{I_{0L}^2}$$

式中：P_{Fe} 为额定电压时的铁耗，由图 3.4 确定。

4. 作工作特性曲线 P_1、I_1、η、s、$\cos\varphi_1 = f(P_2)$

由负载实验数据计算工作特性，填入表 3.8。

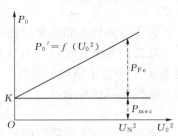

图 3.4 电机中铁耗和机械损耗

表 3.8   数 据 记 录 表 $U_1 = 220\text{V}$（△），$I_f = $ _____ mA

序号	电动机输入		电动机输出		计 算 值			
	$I_{1\varphi}/\text{A}$	P_1/W	T_2 /(N·m)	n /(r/min)	P_2/W	$s/\%$	$\eta/\%$	$\cos\varphi_1$

计算公式为

$$I_{1\varphi} = \frac{I_{1L}}{\sqrt{3}} = \frac{I_A + I_B + I_C}{3\sqrt{3}}$$

$$s = \frac{1500 - n}{1500}$$

$$\cos\varphi_1 = \frac{P_1}{3U_{1\varphi}I_{1\varphi}}$$

$$P_2 = 0.105nT_2$$

$$\eta = \frac{P_2}{P_1} \times 100\%$$

式中：$I_{1\varphi}$ 为定子绕组相电流，A；$U_{1\varphi}$ 为定子绕组相电压，V；s 为转差率；η 为效率。

5. 由损耗分析法求额定负载时的效率

电动机的损耗包括铁耗 P_{Fe}、机械损耗 P_{mec}、定子铜耗 $P_{Cu1} = 3I_{1\varphi}^2 r_1$、转子铜耗 $P_{Cu2} = \frac{P_{em}}{100}s$ 和杂散损耗 P_{ad}。杂散损耗取为额定负载时输入功率的 0.5%。

其中，P_{em} 为电磁功率，有

$$P_{em} = P_1 - P_{Cu1} - P_{Fe}$$

铁耗和机械损耗之和为

$$P_0' = P_{Fe} + P_{mec} = P_0 - 3I_{0\varphi}^2 r_1$$

为了分离铁耗和机械损耗，作曲线 $P_0' = f(U_0^2)$，如图 3.4 所示。

延长曲线的直线部分与纵轴相交于 K 点，K 点的纵坐标即为电动机的机械损耗 P_{mec}，过 K 点作平行于横轴的直线，可得不同电压的铁耗 P_{Fe}。

电机的总损耗为

$$\sum P = P_{Fe} + P_{Cu1} + P_{Cu2} + P_{ad} + P_{mec}$$

于是求得额定负载时的效率为

$$\eta = \frac{P_1 - \sum P}{P_1} \times 100\%$$

式中：P_1 由工作特性曲线上对应于 P_2 为额定功率 P_N 时查得。

3.1.7 思考题

(1) 由空载、短路实验数据求取异步电动机的等效电路参数时，有哪些因素会引起误差？

(2) 从短路实验数据可以得出哪些结论？

(3) 由直接负载法测得的电机效率和用损耗分析法求得的电机效率，各有哪些因素会引起误差？

3.2 三相异步电动机的启动与调速

3.2.1 实验目的
通过实验掌握异步电动机的启动和调速的方法。

3.2.2 预习要点
(1) 异步电动机的启动方法和启动技术指标。
(2) 异步电动机的调速方法。

3.2.3 实验项目
(1) 直接启动
(2) 星形-三角形（Y-△）换接启动。
(3) 自耦变压器启动。
(4) 线绕式异步电动机转子绕组串入可变电阻器启动。
(5) 线绕式异步电动机转子绕组串入可变电阻器调速。

3.2.4 选用组件
1. 实验设备
实验设备见表 3.9。

表 3.9　　　　　　　　　　　　　实　验　设　备　表

序号	名　称	数量	序号	名　称	数量
1	导轨、测速发电机及转速表	1	7	数/模交流电压表	1
2	三相鼠笼异步电动机	1	8	三相可调电抗器（可选）	1
3	三相线绕式异步电动机	1	9	波形测试及开关板	1
4	校正直流测功机	1	10	启动与调速电阻箱	1
5	直流数字电压、毫安、安培表	1	11	测功支架、测功盘及弹簧秤	1
6	数/模交流电流表	1			

2. 屏上挂件排列顺序

数/模交流电压表，数/模交流电流表，波形测试及开关板，直流数字电压、毫安、安培表，三相可调电抗器（可选）。

3.2.5 实验方法
1. 三相鼠笼异步电动机直接启动试验

(1) 按图 3.5 接线，电机绕组为△接法。异步电动机直接与测速发电机同轴连接，不连接校正直流测功机。电流表选用数/模交流电流表上的指针表。

(2) 把交流调压器退到零位，开启钥匙开关，按下"启动"按钮，接通三相交流电源。

(3) 调节调压器，使输出电压达电机额定电压 220V，使电机启动旋转（如电机旋转方

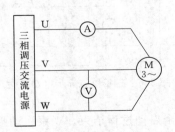

图 3.5　异步电动机直接启动

向不符合要求需调整相序时,必须按下"停止"按钮,切断三相交流电源)。

(4) 再按下"停止"按钮,断开三相交流电源,待电动机停止旋转后,按下"启动"按钮,接通三相交流电源,使电机全压启动,观察电机启动瞬间电流值(按指针式电流表偏转的最大位置所对应的读数值定性计量)。

(5) 安装测功支架、测功盘及弹簧秤步骤:断开电源开关,将调压器调至零位,除去圆盘上的堵转手柄,然后用细线穿过圆盘的小孔,在圆盘外的细线上应打一小结卡住。将细线在圆盘外凹槽内绕 1~3 圈,留有一定的长度便于和弹簧秤相连。用内六角扳手将圆盘固定在电机左侧的连接轴上,将测功支架装在与实验操作人员面对着导轨的另一侧,用偏心螺钉固定,最后用细线将弹簧秤与测功支架相连即可。

(6) 合上开关,调节调压器,使电机电流为 2~3 倍额定电流,读取电压值 U_k、电流值 I_k、转矩值 T_k(圆盘半径乘以弹簧秤力),记入表 3.10。实验时通电时间不应超过 10s,以免绕组过热。对应于额定电压时的启动电流 I_{st} 和启动转矩 T_{st} 按下式计算

$$T_k = \left(\frac{D}{2}\right)F$$

$$I_{st} = \left(\frac{U_N}{U_k}\right)I_k$$

$$T_{st} = \left(\frac{I_{st}^2}{I_k^2}\right)T_k$$

式中:I_k 为启动实验时的电流值,A;T_k 为启动实验时的转矩值,N・m。

表 3.10   数 据 记 录 表

测 量 值			计 算 值		
U_k/V	I_k/A	F/N	$T_k/(N \cdot m)$	I_{st}/A	$T_{st}/(N \cdot m)$

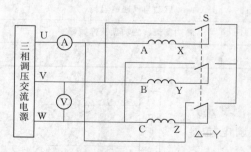

图 3.6 三相鼠笼异步电动机星形-三角形启动

2. 星形-三角形 (Y-△) 启动

(1) 按图 3.6 接线。线接好后把调压器退到零位。

(2) 三刀双掷开关合向右边 (Y 接法)。合上电源开关,逐渐调节调压器使升压至电机额定电压 220V,使电机旋转,然后断开电源开关,待电机停转。

(3) 合上电源开关,观察启动瞬间电流,然后把 S 合向左边,使电机 (△) 正常运行,整个启动过程结束。观察启动瞬间电流表的显示值以与其他启动方法做定性比较。

3. 自耦变压器启动或用控制屏上调压器

(1) 用三相可调电抗器 (可选) 上的自耦调压器。

1) 按图 3.7 接线。电机绕组为△接法三相鼠笼异步电动机。

2) 三相调压器退到零位,开关 S 合向左边。自耦变压器选用三相可调电抗器 (可选) 挂箱。

3) 合上电源开关,调节调压器使输出电压达电机额定电压 220V,断开电源开关,待电

机停转。

4）开关 S 合向右边，合上电源开关，使电机由自耦变压器降压启动（自耦变压器抽头输出电压分别为电源电压的 40%、60% 和 80%），并经一定时间再把 S 合向左边，使电机按额定电压正常运行，整个启动过程结束。观察启动瞬间电流以做定性比较。

（2）用控制屏上的调压器。

1）按图 3.8 接线。电机选用三相鼠笼异步电动机（按星形接法）。

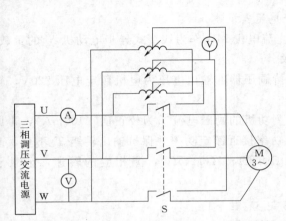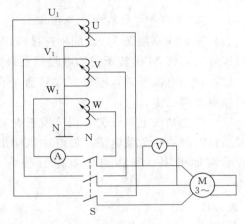

图 3.7 三相鼠笼异步电动机自耦变压器法启动　　图 3.8 使用控制屏上的自耦调压器启动

2）将控制屏左侧调压旋钮逆时针旋转到底，使输出电压为零。开关 S 合向右边。

3）按下"启动"按钮，接通交流电源，缓慢旋转控制屏左侧的调压旋钮，使三相调压输出端输出电压分别达到额定电压值的 40%、60%、80% 进行启动，观察每次启动瞬间电流以做定性比较。

4. 线绕式异步电动机转子绕组串入可变电阻器启动

（1）按图 3.9 接线。电机为三相线绕式异步电动机（定子绕组星形接法）。

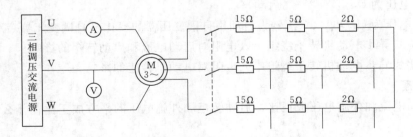

图 3.9 线绕式异步电动机转子绕组串电阻启动

（2）转子每相串入的电阻可用启动与调速电阻箱。

（3）调压器退到零位，为了便于安装测功支架、测功盘及弹簧秤，把电动机放在一合适的位置且不与测速发电机相连，然后按照安装测功支架、测功盘及弹簧秤的步骤安装好。

（4）接通交流电源，调节输出电压（观察电机转向应符合要求），在定子电压为 180V，转子绕组分别串入不同电阻值时，测取定子电流和转矩。

（5）实验时通电时间不应超过 10s，以免绕组过热。数据记入表 3.11。

表 3.11 　　　　　　　　　　　　数 据 记 录 表 　　　　　　　　　　　　$U_k=$___V

R_{st}/Ω	0	2	5	15
I_k/A				
F/N				
I_{st}/A				
$T_{st}/(N \cdot m)$				

5. 线绕式异步电动机转子绕组串入可变电阻器调速

（1）实验线路同图 3.9。同轴连接校正直流电机 MG 作为线绕式异步电动机 M 的负载。电路接好后，将 M 的转子附加电阻调至最大。

（2）合上电源开关，电机空载启动，保持调压器的输出电压为电机额定电压 220V，转子附加电阻调至零。

（3）合上励磁电源开关，调节校正直流测功机的励磁电流 I_f 为校正值（100mA），再调节校正直流测功机负载电流，使电动机输出功率接近额定功率并保持输出转矩 T_2 不变，改变转子附加电阻（每相附加电阻分别为 0Ω、2Ω、5Ω、15Ω），测相应的转速，记录于表 3.12。

表 3.12 　　　　　　　　　　　　数 据 记 录 表

$U=220V$，$I_f=$___mA，$I_F=$___A（$T_2=$___N·m）

r_{st}/Ω	0	2	5	15
$n/(r/min)$				

3.2.6　实验报告

（1）比较异步电动机不同启动方法的优缺点。

（2）由启动实验数据求下述三种情况下的启动电流和启动转矩：

1）外施额定电压 U_N（直接法启动）。

2）外施电压为 $U_N/\sqrt{3}$（Y-△启动）。

3）外施电压为 U_k/k_A，式中 k_A 为启动用自耦变压器的变比（自耦变压器启动）。

（3）线绕式异步电动机转子绕组串入电阻对启动电流和启动转矩的影响。

（4）线绕式异步电动机转子绕组串入电阻对电动机转速的影响。

3.2.7　思考题

（1）启动电流和外施电压成正比，启动转矩和外施电压的平方成正比在什么情况下才能成立？

（2）启动时的实际情况和上述假定是否相符，不相符的主要因素是什么？

3.3　单相电容启动异步电动机

3.3.1　实验目的

用实验方法测定单相电容启动异步电动机的技术指标和参数。

3.3.2　预习要点

（1）单相电容启动异步电动机有哪些技术指标和参数？

（2）这些技术指标怎样测定？参数怎样测定？

3.3.3　实验项目

（1）测量定子主、副绕组的实际冷态电阻。

（2）空载实验、短路实验、负载实验。

3.3.4　选用组件

1. 实验设备

实验设备见表 3.13。

表 3.13　　　　　　　　　　　　实 验 设 备 表

序号	名　　称	数量	序号	名　　称	数量
1	导轨、测速发电机及转速表	1	6	数/模交流电压表	1
2	校正直流测功机	1	7	智能型功率、功率因数表	1
3	单相电容启动异步电动机	1	8	三相可调电阻器	1
4	直流数字电压、毫安、安培表	1	9	可调电阻器、电容器	1
5	数/模交流电流表	1	10	测功支架、测功盘及弹簧秤	1

2. 屏上挂件排列顺序

数/模交流电压表，数/模交流电流表，智能型功率、功率因数表，直流数字电压、毫安、安培表，三相可调电阻器，可调电阻器、电容器。

3.3.5　实验方法

1. 测量定子主、副绕组的实际冷态电阻

测量方法见实验 3.1，记录当时的室温，将数据记录于表 3.14。

表 3.14　　　　　　　　　　数 据 记 录 表　　　　　　　　　　室温＿＿＿℃

	主 绕 组			副 绕 组		
I/mA						
U/V						
R/Ω						

2. 空载实验、短路实验、负载实验

按图 3.10 接线，启动电容 C 选用可调电阻器、电容器上 $35\mu F$ 电容。

（1）调节调压器让电机降压空载启动，在额定电压下空载运转几分钟使机械损耗达稳定。

（2）从 1.1 倍额定电压开始逐步降低直至可能达到的最低电压值，即功率和电流出现回升时为止，其间测取电压 U_0、电流 I_0、功率 P_0，共测 7～8 组，记录于表 3.15。

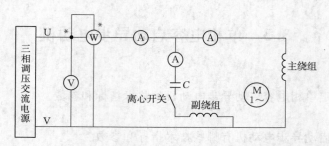

图 3.10 单相电容启动异步电动机接线图

表 3.15　　　　　　　　　　　　　数 据 记 录 表

序 号						
U_0/V						
I_0/A						
P_0/W						
$\cos\varphi_0$						

（3）在短路实验时，按照实验 3.2 中所述步骤安装测功支架、测功盘及弹簧秤，然后按下"启动"按钮合上交流电源，升压至 $(0.95\sim1.02)U_N$，再逐次降压至短路电流接近额定电流为止。

（4）共测取 U_k、I_k、T_k 等数据 6～8 组，记录于表 3.16。注意：测取每组读数时，通电持续时间不应超过 5s，以免绕组过热。

（5）转子绕组等值电阻的测定（数据记录于表 3.17）及由短路实验数据计算电机的参数。

表 3.16　　　　　　　　　　　　　数 据 记 录 表

序 号					
U_k/V					
I_k/A					
F/N					
$T_k/(N\cdot m)$					

表 3.17　　　　　　　　　　　　　数 据 记 录 表

U_{k0}/V	I_{k0}/A	P_{k0}/W	r_2'/Ω

（6）在负载实验时，负载电阻选用三相可调电阻器上 1800Ω 加上 900Ω 并联 900Ω 共2250Ω 阻值。电动机 M 和校正直流电机 MG 同轴连接，接通交流电源，升高电压至 U_N 并保持不变。

（7）保持 MG 的励磁电流 I_f 为规定值（100mA），再调节 MG 的负载电流 I_F，使电动机在 1.1～0.25 倍额定功率范围内，测取定子电流 I、输入功率 P_1、转矩 T_2、转速 n，共测6～8组，其中额定点必测，记录于表 3.18。

表 3.18 数　据　记　录　表 $U_N=220V$，$I_f=$____mA

序　号									
I/A									
P_1/W									
I_F/A									
$n/(r/min)$									
$T_2/(N\cdot m)$									
P_2/W									
$\cos\varphi$									
$s/\%$									
$\eta/\%$									

3.3.6 实验报告

（1）由实验数据计算出电机参数。

1）由空载实验数据计算 Z_0、X_0、$\cos\varphi_0$。

空载阻抗

$$Z_0 = \frac{U_0}{I_0}$$

式中：U_0 为对应于额定电压时的空载实验电压，V；I_0 为对应于额定电压时的空载实验电流，A。

空载电抗

$$X_0 = Z_0\sin\varphi_0$$

式中：φ_0 为空载实验对应于额定电压时电压和电流的相位差，可由 $\cos\varphi_0 = P_0/(U_0 I_0)$ 求得。

2）由短路实验数据计算 r_2'、$X_{1\sigma}$、$X_{2\sigma}$、X_m。

短路阻抗

$$Z_{k0} = \frac{U_{k0}}{I_{k0}}$$

转子绕组等效电阻

$$r_2' = \frac{P_{k0}}{I_{k0}^2} - r_1$$

式中：r_1 为定子主绕组电阻。

定、转子漏抗

$$X_{1\sigma} \approx X_{2\sigma}' \approx 0.5Z_{k0}\sin\varphi_{k0}$$

式中：φ_{k0} 为实验电压 U_{k0} 和电流 I_{k0} 的相位差，可由 $\cos\varphi_{k0} = P_{k0}/(U_{k0} I_{k0})$ 求得。

3）励磁电抗

$$X_m = 2(x_0 - x_{1\sigma} - 0.5x_{2\sigma}')$$

式中：$x_{1\sigma}$ 为定子漏抗，Ω；$x_{2\sigma}'$ 为转子漏抗，Ω。

（2）由负载实验计算出电机工作特性 P_1、I_1、η、$\cos\varphi$，$s=f(P_2)$。

（3）算出电动机的启动技术数据。

（4）确定电容参数。

3.3.7 思考题

（1）由电动机参数计算出电动机工作特性和实测数据是否有差异？是由哪些因素造成的？

（2）电容参数该怎样决定？电容应怎样选配？

3.4 单相电容运转异步电动机

3.4.1 实验目的
用实验方法测定单相电容运转异步电动机的技术指标和参数。

3.4.2 预习要点
(1) 单相电容运转异步电动机有哪些技术指标和参数？
(2) 这些技术指标怎样测定？参数怎样测定？

3.4.3 实验项目
(1) 测量定子主、副绕组的实际冷态电阻。
(2) 有效匝数比的测定。
(3) 空载实验、短路实验、负载实验。

3.4.4 选用组件
1. 实验设备
实验设备见表3.19。

表 3.19 实 验 设 备 表

序号	名　称	数量	序号	名　称	数量
1	导轨、测速发电机及转速表	1	7	直流数字电压、毫安、安培表	1
2	校正直流电机	1	8	三相可调电阻器	1
3	单相电容运转异步电动机	1	9	可调电阻器、电容器	1
4	数/模交流电流表	1	10	波形测试及开关板	1
5	数/模交流电压表	1	11	测功支架、测功盘及弹簧秤	1
6	智能型功率、功率因数表	1			

2. 屏上挂件排列顺序
数/模交流电压表，数/模交流电流表，智能型功率、功率因数表，直流数字电压、毫安、安培表，三相可调电阻器，波形测试及开关板，可调电阻器、电容器。

3.4.5 实验方法
1. 测量定子主、副绕组的实际冷态电阻
测量方法见实验3.1，记录当时室温，将数据记录于表3.20。

表 3.20 数 据 记 录 表 室温____℃

	主 绕 组			副 绕 组		
I/mA						
U/V						
R/Ω						

2. 有效匝数比的测定
按图3.11接线，外配电容 C 选用可调电阻器、电容器上 $4\mu\text{F}$ 电容。
(1) 降压空载启动，将副绕组开路（打开开关 S_1）。主绕组加额定电压220V，测量并

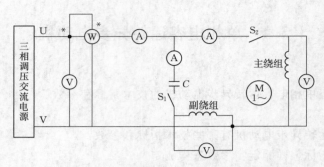

图 3.11　单相电容运转异步电动机接线图

记录副绕组的感应电势 E_a。

（2）合上开关 S_1，再将主绕组开路（打开开关 S_2）。加电压 U_A（$U_A = 1.25E_a$）施于副绕组，测量并记录主绕组的感应电势 E_m。

（3）主、副绕组的有效匝数比 k 按下式求得

$$k = \sqrt{\frac{U_a E_a}{220 E_m}}$$

3. 空载实验

（1）降压空载启动，再将副绕组开路（打开开关 S_1），主绕组加额定电压空载运转使机械损耗达稳定（15min）。

（2）从 1.1～1.2 倍额定电压开始逐步降低到可能达到的最低电压值，即功率和电流出现回升时为止，其间测取电压、电流、功率，共测 7～9 组，记录于表 3.21。

参数的计算方法见实验 3.3。

表 3. 21　　　　　　　　　　数 据 记 录 表

序　号							
U_0/V							
I_0/A							
P_0/W							
$\cos\varphi_0$							

4. 短路实验、负载实验

测量和参数的计算方法见实验 3.3。在短路试验时可升高电压到 $(0.95～1.05)U_N$，再逐次降压至短路电流接近额定电流为止。其间测取 U_k、I_k、T_k 等数据 5～7 组。

将短路实验、负载实验的数据记录于表 3.22、表 3.23。

表 3. 22　　　　　　　　　　数 据 记 录 表

序　号						
U_k/V						
I_k/A						
F/N						
$T_k/(N \cdot m)$						

表 3.23   数 据 记 录 表 $U_N = 220\text{V}$，$I_f = $_____ mA

序号							
$I_{主}/\text{A}$							
$I_{副}/\text{A}$							
$I_{总}/\text{A}$							
P_1/W							
I_F/A							
$n/(\text{r/min})$							
$T_2/(\text{N}\cdot\text{m})$							
P_2/W							
$\eta/\%$							
$\cos\varphi$							
$s/\%$							

3.4.6 实验报告

(1) 由实验数据计算出电机参数。

(2) 由负载实验计算出电机工作特性 P_1、I_1、η、$\cos\varphi$、$s = f(P_2)$。

(3) 算出电动机的启动技术数据。

(4) 确定电容参数。

3.4.7 思考题

(1) 由电机参数计算出电机工作特性和实测数据是否有差异？是由哪些因素造成的？

(2) 电容参数该怎样确定？电容应怎样选配？

3.5 单相电阻启动异步电动机

3.5.1 实验目的

用实验方法测定单相电阻启动异步电动机的技术指标和参数。

3.5.2 预习要点

(1) 单相电阻启动异步电动机有哪些技术指标和参数？

(2) 这些技术指标怎样测定？参数怎样测定？

3.5.3 实验项目

(1) 测量定子主、副绕组的实际冷态电阻。

(2) 空载实验。

(3) 短路实验。

(4) 负载实验。

3.5.4 选用组件

1. 实验设备

实验设备见表 3.24。

表 3.24　　　　　　　　　实 验 设 备 表

序号	名　称	数量	序号	名　称	数量
1	导轨、测速发电机及转速表	1	6	数/模交流电压表	1
2	单相电阻启动异步电动机	1	7	智能型功率、功率因数表	1
3	校正直流电机	1	8	三相可调电阻器	1
4	直流数字电压、毫安、安培表	1	9	测功支架、测功盘及弹簧秤	1
5	数/模交流电流表	1			

2. 屏上挂件排列顺序

数/模交流电压表，数/模交流电流表，智能型功率、功率因数表，直流数字电压、毫安、安培表，三相可调电阻器。

3.5.5 实验方法

1. 测量定子主、副绕组的实际冷态电阻

测量方法见实验 3.1，记录室温，数据记录于表 3.25。

表 3.25　　　　　　　　　数 据 记 录 表　　　　　　　　室温____℃

	主　绕　组		副　绕　组	
I/mA				
U/V				
R/Ω				

2. 空载实验

(1) 按图 3.12 接线。选用单相电阻启动异步电动机 M，直接与测速发电机同轴连接，不连接校正直流测功机（注：由于单相电阻启动异步电动机启动电流较大，所以做此实验时

54

应把控制屏门后旋钮开关打在"关"位置。切断过电流保护，以防误操作）。

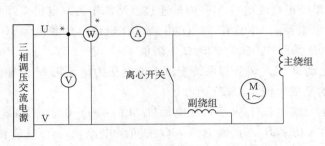

图 3.12 单相电阻启动异步电动机接线图

（2）调节调压器让电动机 M 降压空载启动，在额定电压下空载运转使机械损耗达稳定（10min）。

（3）从 1.1 倍额定电压开始逐步降低至可能达到的最低电压值，即功率和电流出现回升为止。其间测取数据 7～9 组，记录每组的电压 U_0、电流 I_0、功率 P_0 于表 3.26。

表 3.26   数 据 记 录 表

序号								
U_0/V								
I_0/A								
P_0/W								
$\cos\varphi_0$								

3. 短路实验

（1）把功率表的电流线圈短接，按照安装步骤安装好测功支架、测功盘及弹簧秤。

（2）合上电源开关，缓慢升高电压，使电流约为 2 倍额定电流，逐步降低电压至短路电流接近额定电流，测取短路电压 U_k、短路电流 I_k 及短路力矩 T_k。

（3）测量每组读数时，通电持续时间不得超过 5s，共测 5～6 组，记录于表 3.27。

表 3.27   数 据 记 录 表

序 号						
I_k/A						
U_k/V						
F/N						
$T_k/(\mathrm{N}\cdot\mathrm{m})$						

转子绕组等值电阻的测定：将电动机 M 的副绕组脱开，主绕组加低电压使绕组中的电流等于额定值，测取电压 U_{k0}、电流 I_{k0} 及功率 P_{k0}，记录于表 3.28。

表 3.28   数 据 记 录 表

U_{k0}/V	I_{k0}/A	P_{k0}/W	r_2'/Ω

4. 负载实验

（1）电动机 M 和校正直流电机 MG 同轴连接（MG 作为发电机接线），其中磁场调节电阻 R_{f2} 选用三相可调电阻器上 900Ω 串 900Ω 共 1800Ω 阻值，负载电阻 R_2 选用三相可调电阻器上 1800Ω 加上 900Ω 并联 900Ω 共 2250Ω 电阻值。

（2）空载启动电动机 M，调节和保持交流电源电压为电动机 M 的额定电压 220V，保持校正直流电机 MG 的励磁电流 I_f 为校正值。

（3）调节 MG 的负载电流 I_F 大小，在电动机 M 的 1.1～0.25 倍额定功率范围内，测取 M 的定子电流 I、输入功率 P_1、直流电机 MG 的负载电流 I_F（查对应转矩 T_2）及转速 n，共测 7～8 组，记录于表 3.29。

表 3.29　　　　　　　　　　数 据 记 录 表　　　　　　　　$U_N = 220V$，$I_f = $＿＿＿ mA

序　号								
I/A								
P_1/W								
I_F/A								
$n/(r/min)$								
$T_2/(N \cdot m)$								
P_2/W								
$\cos\varphi$								
$s/\%$								
$\eta/\%$								

3.5.6　实验报告

（1）由实验数据计算出电动机参数。

（2）由负载实验数据绘制电动机工作特性曲线 P_1、I_1、η、$\cos\varphi$、$s = f(P_2)$。

（3）算出电动机的启动技术数据。

3.5.7　思考题

由电动机参数计算出电动机工作特性和实测数据是否有差异？是由哪些因素造成的？

3.6 双速异步电动机

3.6.1 实验目的
用实验方法测定两种转速时的工作特性，从而加深对变极调速原理的理解。

3.6.2 预习要点
（1）变极调速原理。
（2）工作特性的测试方法。

3.6.3 实验项目
（1）二极电机时的工作特性测试。
（2）四极电机时的工作特性测试。

3.6.4 选用组件
1. 实验设备
实验设备见表 3.30。

表 3.30　　　　　　　　　　　　实 验 设 备 表

序号	名　　称	数量	序号	名　　称	数量
1	导轨、测速发电机及转速表	1	6	智能型功率、功率因数表	1
2	校正直流测功机	1	7	直流数字电压、毫安、安培表	1
3	双速异步电动机	1	8	三相可调电阻器	1
4	数/模交流电流表	1	9	波形测试及开关板	1
5	数/模交流电压表	1			

2. 屏上挂件排列顺序
直流数字电压、毫安、安培表，三相可调电阻器，数/模交流电压表，数/模交流电流表，智能型功率、功率因数表，波形测试及开关板。

3.6.5 实验方法
1. 四极电机时的工作特性测试

（1）按图 3.13 接线，电动机和校正直流测功机（作发电机）同轴连接（参考校正直流测功机的接线实验）。负载电阻选用三相可调电阻器上 900Ω 串 900Ω 加上 900Ω 并联 900Ω 共 2250Ω 电阻值。

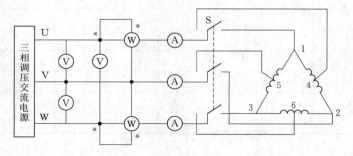

图 3.13　双速异步电动机（2/4 极）接线图

(2) 把开关 S 合向图 3.13 所示的右边，使电动机为△接法（四极电机）。

(3) 接通交流电源（合控制屏上启动按钮），调节调压器，使输出电压为电动机额定电压 220V，并保持恒定。

(4) 调节并保持校正直流测功机的励磁电流 I_f 为规定值 100mA。给电机施加负载，即减小负载电阻 R_L 的阻值，使异步电动机定子电流逐渐上升到 1.25 倍额定电流。从该负载开始，逐渐减小负载直至空载，在此范围内读取异步电动机的定子电流、输入功率、转速、转矩，共测 6～8 组，记录于表 3.31。

表 3.31   **数 据 记 录 表**

$U_N = 220V$，$I_f = \underline{\quad}$ mA，△接法（四极电机）

序号	1	2	3	4	5	6	7	8	9
I/A									
P_1/W									
I_F/A									
$n/(r/min)$									
$T_2/(N \cdot m)$									
P_2/W									
$\eta/\%$									
$\cos\varphi$									

2. 二极电机时的工作特性测试

(1) 将控制屏左侧的调压旋钮逆时针旋转到底，按下"停止"按钮，切断电源，使电机停止转动。把 S 合向左边（YY 接法）并把右边三端点用导线短接。

(2) 将负载电阻调至最大，使电机空载启动，保持输入电压为额定电压，拆掉电流表，功率表短接线。给电机施加负载，使异步电动机定子电流为 $1.25I_N$，然后逐次减小负载，直至空载。

(3) 测取电动机的 I、P_1、n，直流电机的 I_F，共测 6～8 组，记录于表 3.32。

表 3.32   **数 据 记 录 表**

$U_N = 220V$，$I_f = \underline{\quad}$ mA，YY 接法（二极电机）

序号									
I/A									
P_1/W									
I_F/A									
$n/(r/min)$									
$T_2/(N \cdot m)$									
P_2/W									
$\eta/\%$									
$\cos\varphi$									

3.6.6 实验报告

(1) 绘制四极运行时的工作特性曲线。

（2）绘制二极运行时的工作特性曲线。

（3）对 2/4 极双速电动机的性能加以评价。

3.6.7　思考题

（1）做实验时三只电流表的读数是否相同？有差别时是什么原因造成的？定子电流怎样测量？

（2）△/YY 变极调速的特点是什么？

3.7 三相鼠笼异步电动机不对称运行

3.7.1 实验目的

（1）掌握三相鼠笼异步电动机不对称运行的实验方法。

（2）根据实验数据分析不对称运行的危害。

（3）能够分析几种常见不对称运行状态。

3.7.2 预习要点

（1）对称分量法分析不对称运行。

（2）感应电动机的正序等效电路和负序等效电路。

3.7.3 实验项目

（1）三相鼠笼异步电动机缺相运行实验。

（2）三相鼠笼异步电动机单相运行实验。

3.7.4 选用组件

1. 实验设备

实验设备见表 3.33。

表 3.33 实验设备表

序号	名 称	数量	序号	名 称	数量
1	导轨、测速发电机及转速表	1	5	数/模交流电流表	1
2	校正直流测功机	1	6	数/模交流电压表	1
3	三相鼠笼异步电动机（380V，Y 接法）	1	7	三相可调电阻器	1
4	直流数字电压、毫安、安培表	1	8	波形测试及开关板	1

2. 屏上挂件排列顺序

直流数字电压、毫安、安培表，三相可调电阻器，数/模交流电压表，数/模交流电流表，波形测试及开关板。

3.7.5 实验方法

（1）三相鼠笼异步电动机的正常运行及缺相运行实验。

1）按图 3.14 接线，三相鼠笼异步电动机电压为 380V（Y 接法）。图中，电阻 R_f 选用三相可调电阻器上 900Ω 串联 900Ω 共 1800Ω 阻值，R_L 选用三相可调电阻器上 900Ω 串联 900Ω 加上 900Ω 并联 900Ω 共 2250Ω 阻值，开关 S、S_1、S_2 选用波形测试及开关板上的开关，交

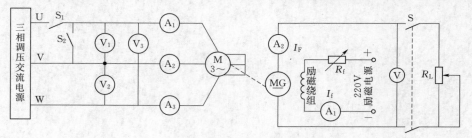

图 3.14 三相鼠笼异步电动机不对称实验接线图

流电压表选用数/模交流电压表挂件，交流电流表选用数/模交流电流表挂件，直流测量仪表选用直流数字电压、毫安、安培表挂件上对应的仪表。电阻 R_f 调至最大位置，电阻 R_L 调至最大位置。开关 S、S_2 处于断开位置，开关 S_1 处于闭合状态。控制屏左侧调压器旋钮逆时针旋转到底，使输出电压为零。

2）按下控制屏上的"启动"按钮，调节控制屏左侧调压器旋钮使电动机运转，旋转方向应符合正转要求，如果电动机为反转，应切断电源调换相序使旋转方向为正转。然后使输出电压缓慢升至 380V，使三相鼠笼异步电动机全压正常运转。转速稳定以后测出此时的电压 U、电流 I、转速 n，记录于表 3.34。

表 3.34 　　　　　　　　　　数 据 记 录 表 　　　　　　　　　　$P_2=0$

运行状态	电压			电流			$n/(\text{r/min})$
	U_1/V	U_2/V	U_3/V	I_1/A	I_2/A	I_3/A	
正常运行							
缺相运行							
单相运行							

3）转速稳定以后断开开关 S_1、同时开关 S、S_2 保持断开状态，此时电动机处于缺相运行状态。待电动机运行状态稳定后将测量的电压值、电流值以及转速值记录于表 3.34。记录完数据以后应迅速闭合开关 S_1，使电动机处于正常运行状态。

（2）三相鼠笼异步电动机的单相运行实验。

闭合开关 S_2，同时开关 S_1、S 保持断开状态。此时电动机处于单相运行状态。待电动机运行稳定后将测量的电压值、电流值以及转速值记录于表 3.34。记录完数据以后应迅速断开开关 S_2，闭合开关 S_1 使电动机处于正常运行状态。

（3）在三相鼠笼异步电动机正常运行状态下，首先接通校正直流测功机的励磁电源，闭合开关 S，使电动机带上负载。调节励磁电阻 R_f 使励磁电流为 100mA，然后减小负载电阻使电动机输出功率达到 30W 左右。按照实验步骤（1）和（2）做电动机带负载时的不对称运行实验，并将实验数据记录于表 3.35。

表 3.35 　　　　　　　　　　数 据 记 录 表 　　　　　　　　　　$P_2=30\text{W}$

运行方式	电压			电流			$n/(\text{r/min})$
	U_1/V	U_2/V	U_3/V	I_1/A	I_2/A	I_3/A	
正常运行							
缺相运行							
单相运行							

3.7.6　实验报告

（1）根据实验数据分析电动机不对称运行的危害。

（2）三相鼠笼异步电动机在单相运行实验中，稳态不对称电流 I_A、I_B、I_C 之间存在如下关系：$I_A = I_B = \dfrac{\sqrt{3}}{2} I_C$，将实测值与理论值进行比较，并简要分析。

第4章 同步电机实验

4.1 三相同步发电机的运行特性

4.1.1 实验目的

（1）用实验方法测量同步发电机在对称负载下的运行特性。

（2）由实验数据计算同步发电机在对称运行时的稳态参数。

4.1.2 预习要点

（1）同步发电机在对称负载下有哪些基本特性？

（2）这些基本特性各在什么情况下测得？

（3）怎样用实验数据计算对称运行时的稳态参数？

4.1.3 实验项目

（1）测定电枢绕组实际冷态直流电阻。

（2）空载实验：在 $n=n_N$、$I=0$ 的条件下，测取空载特性曲线 $U_0=f(I_f)$。

（3）三相短路实验：在 $n=n_N$、$U=0$ 的条件下，测取三相短路特性曲线 $I_k=f(I_f)$。

（4）纯电感负载特性：在 $n=n_N$、$I=I_N$、$\cos\varphi\approx0$ 的条件下，测取纯电感负载特性曲线。

（5）外特性：在 $n=n_N$、$I_f=$ 常数、$\cos\varphi=1$ 和 $\cos\varphi=0.8$（滞后）的条件下，测取外特性曲线 $U=f(I)$。

（6）调节特性：在 $n=n_N$、$U=U_N$、$\cos\varphi=1$ 的条件下，测取调节特性曲线 $I_f=f(I)$。

4.1.4 选用组件

1. 实验设备

实验设备见表4.1。

表 4.1 实 验 设 备 表

序号	名　称	数量	序号	名　称	数量
1	导轨、测速发电机及转速表	1	8	三相可调电阻器1	1
2	校正直流测功机	1	9	三相可调电阻器2	1
3	三相凸极式同步电机	1	10	三相可调电抗器	1
4	数/模交流电流表	1	11	可调电阻器、电容器	1
5	数/模交流电压表	1	12	波形测试及开关板	1
6	智能型功率、功率因数表	1	13	旋转灯、并网开关、同步机励磁电源	1
7	直流数字电压、毫安、安培表	1			

2. 屏上挂件排列顺序

可调电阻器、电容器，数/模交流电压表，数/模交流电流表，智能型功率、功率因数表，旋转灯、并网开关、同步机励磁电源，直流数字电压、毫安、安培表，波形测试及开关板，三相可调电阻器1，三相可调电阻器2，三相可调电抗器。

4.1.5 实验方法

1. 测定电枢绕组实际冷态直流电阻

被试电机选用三相凸极式同步电机。测量与计算方法参见实验3.1，记录室温，测量数据记录于表4.2。

表4.2		数 据 记 录 表				室温_____℃	
	绕组 Ⅰ		绕组 Ⅱ		绕组 Ⅲ		
I/mA							
U/V							
R/Ω							

2. 空载实验

（1）按图4.1接线，校正直流测功机MG按他励方式连接，用作电动机拖动三相同步发电机GS旋转，GS的定子绕组为Y接法（$U_\mathrm{N}=220\mathrm{V}$）。$R_{\mathrm{f2}}$选用三相可调电阻器1组件上的90Ω与90Ω串联加上90Ω与90Ω并联共225Ω阻值，R_{st}选用可调电阻器、电容器上的180Ω电阻值，R_{f1}选用可调电阻器、电容器上的1800Ω电阻值，开关S_1、S_2选用波形测试及开关板挂箱。

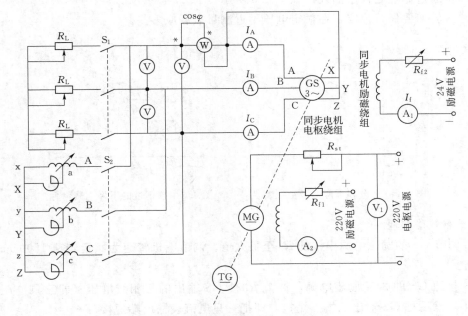

图4.1 三相同步发电机实验接线图

（2）调节旋转灯、并网开关、同步机励磁电源上的24V励磁电源串接的R_{f2}至最大位置。调节MG的电枢串联电阻R_{st}至最大值，MG的励磁调节电阻R_{f1}至最小值。开关S_1、S_2均断开。将控制屏左侧调压器旋钮逆时针旋转退到零位，检查控制屏上的电源总开关、电枢电源开关及励磁电源开关都须在"关断"的位置，做好实验开机准备。

（3）接通控制屏上的电源总开关，按下"启动"按钮，接通励磁电源开关，看到电流表 A_2 有励磁电流指示后，再接通控制屏上的电枢电源开关，启动 MG。MG 启动运行正常后，把 R_{st} 调至最小，调节 R_{fl} 使 MG 转速达到同步发电机的额定转速 1500r/min 并保持恒定。

（4）接通 GS 励磁电源，调节 GS 励磁电流（必须单方向调节），使 I_f 单方向递增至 GS 输出电压 $U_0 \approx 1.3U_N$ 为止。

（5）单方向减小 GS 励磁电流，使 I_f 单方向减至零值为止，读取励磁电流 I_f 和相应的空载电压 U_0，共测 7～9 组，记录于表 4.3。

表 4.3	数 据 记 录 表						$n = n_N = 1500r/min$, $I = 0$		
序　号									
U_0/V									
I_f/A									

在用实验方法测定同步发电机的空载特性时，由于转子磁路中剩磁情况不同，当单方向改变励磁电流 I_f 从零到某一最大值，再反过来由此最大值减小到零时，将得到上升和下降两条不同曲线，如图 4.2 所示。两条曲线的出现，反映铁磁材料中的磁滞现象。测定参数时使用下降曲线，其最高点取 $U_0 \approx 1.3U_N$，如剩磁电压较高，可延伸曲线的直线部分使之与横轴相交，则交点的横坐标绝对值 Δi_{f0} 应作为校正量，在所有实验测得的励磁电流数据上加上此值，即得通过原点之校正曲线，如图 4.3 所示。

注意：转速要保持恒定，在额定电压附近测量点相应多些。

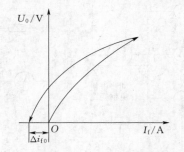 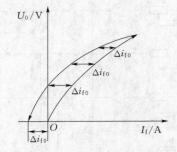

图 4.2　上升和下降两条空载特性　　图 4.3　校正过的下降空载特性

3. 三相短路实验

（1）调节 GS 的励磁电源串接的 R_{f2} 至最大值。调节电机转速为额定转速 1500r/min，且保持恒定。

（2）接通 GS 的 24V 励磁电源，调节 R_{f2} 使 GS 输出的三相线电压（即三只电压表的读数）最小，然后把 GS 输出三端点短接，即把三只电流表输出端短接。

（3）调节 GS 的励磁电流 I_f 使其定子电流 $I_k = 1.2I_N$，读取 GS 的励磁电流值 I_f 和相应的定子电流值 I_k。

（4）减小 GS 的励磁电流使定子电流减小，直至励磁电流为零，读取励磁电流 I_f 和相应的定子电流 I_k。

（5）共取数据 5～6 组，并记录于表 4.4。

表 4.4	数据记录表						$U=0$，$n=n_N=1500r/min$
序　号							
I_k/A							
I_f/A							

4. 纯电感负载特性

（1）调节 GS 的 R_{f2} 至最大值，调节三相可调电抗器使其阻抗达到最大，同时拔掉 GS 输出三端点的短接线。

（2）按他励直流电动机的启动步骤（电枢串联全值启动电阻 R_{st}，先接通励磁电源，后接通电枢电源）启动直流电机 MG，调节 MG 的转速达 1500r/min 且保持恒定。合上开关 S_2，GS 带纯电感负载运行。

（3）调节 R_{f2} 和三相可调电抗器使同步发电机端电压接近于 1.1 倍额定电压且电流为额定电流，读取端电压值和励磁电流值。

（4）每次调节励磁电流使同步发电机端电压减小且调节三相可调电抗器，使定子电流值保持恒定为额定电流。读取端电压和相应的励磁电流。

（5）取几组数据并记录于表 4.5。

表 4.5	数据记录表					$n=n_N=1500r/min$，$I=I_N=$＿＿ A
U/V						
I_f/A						

5. 测同步发电机在纯电阻负载时的外特性

（1）把三相可调电阻器 R_L 接成三相 Y 接法，每相用三相可调电阻器 2 组件上的 900Ω 与 900Ω 串联，调节其阻值为最大值。

（2）按他励直流电动机的启动步骤启动 MG，调节电机转速达同步发电机额定转速 1500 r/min，而且保持转速恒定。

（3）断开开关 S_2，合上 S_1，电机 GS 带三相纯电阻负载运行。

（4）接通 24V 励磁电源，调节 R_{f2} 和负载电阻 R_L 使同步发电机的端电压达额定值 220V 且负载电流亦达额定值。

（5）保持这时的同步发电机励磁电流 I_f 恒定不变，调节负载电阻 R_L，测同步发电机端电压和相应的平衡负载电流，直至负载电流减小到零，测出整条外特性。共测 5～6 组，记录于表 4.6。

表 4.6	数据记录表			$n=n_N=1500r/min$，$I_f=$＿＿ A，$cos\varphi=1$
U/V				
I/mA				

6. 测同步发电机在负载功率因数为 0.8 时的外特性

（1）在图 4.1 中接入功率因数表，调节可变负载电阻使阻值达最大，调节三相可调电抗器使电抗值达最大。

（2）调节 R_{f2} 至最大值，启动直流电机并调节电机转速至同步发电机额定转速 1500r/min，且保持转速恒定。合上开关 S_1、S_2。把 R_L 和 X_L 并联使用作电机 GS 的负载。

（3）接通 24V 励磁电源，调节 R_{f2}、负载电阻 R_L 及三相可调电抗器 X_L，使同步发电机的端电压达额定值 220V、负载电流达额定值及功率因数为 0.8。

（4）保持这时的同步发电机励磁电流 I_f 恒定不变，调节负载电阻 R_L 和三相可调电抗器 X_L 使负载电流改变而功率因数保持不变为 0.8，测同步发电机端电压和相应的平衡负载电流，测出整条外特性。共测 5~6 组，记录于表 4.7。

表 4.7　　　　　　　　　　数 据 记 录 表

$n = n_N = 1500\text{r/min}$，$I_f = \_\_\_\_$ A，$\cos\varphi = 0.8$

U/V						
I/A						

7. 测同步发电机在纯电阻负载时的调整特性

（1）发电机接入三相电阻负载 R_L，调节 R_L 使阻值达最大，电机转速仍为额定转速 1500 r/min 且保持恒定。

（2）调节 R_{f2} 使发电机端电压达额定值 220V 且保持恒定。

（3）调节 R_L 阻值，以改变负载电流，读取相应励磁电流 I_f 及负载电流，测出整条调整特性。共测 4~5 组，记录于表 4.8。

表 4.8　　　　　　　　数 据 记 录 表　　　　$U = U_N = 220\text{V}$，$n = n_N = 1500\text{r/min}$

I/A				
I_f/A				

4.1.6　实验报告

（1）根据实验数据绘制同步发电机的空载特性。

（2）根据实验数据绘制同步发电机的短路特性。

（3）根据实验数据绘制同步发电机的纯电感负载特性。

（4）根据实验数据绘制同步发电机的外特性。

（5）根据实验数据绘制同步发电机的调整特性。

（6）由空载特性和短路特性求取电机定子漏抗 X_σ 和特性三角形。

（7）由零功率因数特性和空载特性确定电机定子保梯电抗 X_p。

（8）利用空载特性和短路特性确定同步电机的直轴同步电抗 X_d（不饱和值）。

（9）利用空载特性和纯电感负载特性确定同步电机的直轴同步电抗 X_d（饱和值）。

（10）求短路比。

（11）由外特性实验数据求取电压调整率 $\Delta U\%$。

4.1.7　思考题

（1）定子漏抗 X_σ 和保梯电抗 X_p 各代表什么参数？它们的差别是怎样产生的？

（2）由空载特性和特性三角形用作图法求得的零功率因数的负载特性和实测特性是否有差别？造成这差别的因素是什么？

4.2 三相同步发电机的并网运行

4.2.1 实验目的

(1) 掌握三相同步发电机投入电网并网运行的条件与操作方法。

(2) 掌握三相同步发电机并网运行时有功功率与无功功率的调节。

4.2.2 预习要点

(1) 三相同步发电机投入电网并网运行有哪些条件？不满足这些条件将产生什么后果？如何满足这些条件？

(2) 三相同步发电机投入电网并网运行时怎样调节有功功率和无功功率？调节过程又是怎样的？

4.2.3 实验项目

(1) 用准同步法将三相同步发电机投入电网并网运行。

(2) 用自同步法将三相同步发电机投入电网并网运行。

(3) 三相同步发电机与电网并网运行时有功功率的调节。

(4) 三相同步发电机与电网并网运行时无功功率的调节。

1) 测取当输出功率等于零时三相同步发电机的 V 形曲线。

2) 测取当输出功率等于 0.5 倍额定功率时三相同步发电机的 V 形曲线。

4.2.4 选用组件

1. 实验设备

实验设备见表 4.9。

表 4.9 实验设备表

序号	名　称	数量	序号	名　称	数量
1	导轨、测速发电机及转速表	1	7	直流数字电压、毫安、安培表	1
2	校正直流测功机	1	8	三相可调电阻器	1
3	三相同步电机	1	9	可调电阻器、电容器	1
4	数/模交流电流表	1	10	旋转灯、并网开关、同步机励磁电源	1
5	数/模交流电压表	1	11	整步表及开关	1
6	智能型功率、功率因数表	1			

2. 屏上挂件排列顺序

可调电阻器、电容器，旋转灯、并网开关、同步机励磁电源，整步表及开关，数/模交流电压表，数/模交流电流表，智能型功率、功率因数表，直流数字电压、毫安、安培表，三相可调电阻器。

4.2.5 实验方法

1. 用准同步法将三相同步发电机投入电网并网运行

三相同步发电机与电网并网运行必须满足下列条件：

(1) 发电机的频率和电网频率要相同，即 $f_{\mathrm{II}} = f_{\mathrm{I}}$。

（2）发电机和电网电压大小、相位要相同，即 $E_{0\,II} = U_I$。

（3）发电机和电网的相序要相同。

为了检查这些条件是否满足，可用电压表检查电压，用灯光旋转法或整步表法检查相序和频率。

2. 灯光旋转法

（1）按图 4.4 接线。三相同步发电机 GS 选用三相凸极式同步电机，GS 的原动机采用校正直流测功机 MG。R_{st} 选用可调电阻器、电容器上 180Ω 阻值，R_{f1} 选用可调电阻器、电容器上 1800Ω 阻值，R_{f2} 选用三相可调电阻器上 90Ω 与 90Ω 串联加上 90Ω 与 90Ω 并联共 225Ω 阻值，R 选用三相可调电阻器上 90Ω 固定电阻。开关 S_1 选用旋转灯、并网开关、同步机励磁电源挂箱，S_2 选用整步表及开关挂箱。并把开关 S_1 打在"关断"位置，开关 S_2 合向固定电阻端（图示左端）。

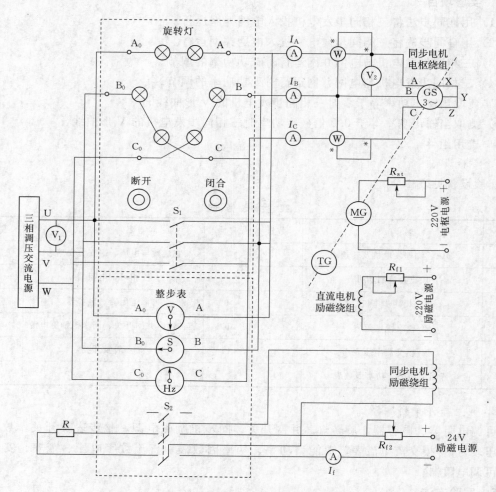

图 4.4　三相同步发电机的并网运行接线图

（2）三相调压器旋钮退至零位，在电枢电源及励磁电源开关都在"关断"位置的条件下，合上电源总开关，按下"启动"按钮，调节调压器使电压升至额定电压 220V，可通过

V_1 表观测。

（3）按他励电动机的启动步骤（校正直流测功机 MG 电枢串联启动电阻 R_{st}，并调至最大位置。励磁调节电阻 R_{f1} 调至最小，先接通控制屏上的励磁电源，后接通控制屏上的电枢电源），启动 MG 并使 MG 电机转速达到同步转速 1500r/min。将开关 S_2 合到同步发电机的 24V 励磁电源端（图示右端），调节 R_{f2} 以改变 GS 的励磁电流 I_f，使同步发电机发出额定电压 220V，可通过 V_2 表观测，整步表上琴键开关打在"断开"位置。

（4）观察三组相灯，若依次明灭形成旋转灯光，则表示发电机和电网相序相同；若三组相灯同时发亮、同时熄灭，则表示发电机和电网相序不同。若发电机和电网相序不同，则应停机（先将 R_{st} 调回最大位置，断开控制屏上的电枢电源开关，再按下交流电源的"停止"按钮），并把三相调压器旋至零位。在确保断电的情况下，调换发电机或三相电源任意两根端线以改变相序后，按前述方法重新启动 MG。

（5）当发电机和电网相序相同时，调节同步发电机励磁使同步发电机电压和电网（电源）电压相同。再进一步细调原动机转速，使各相灯光缓慢地轮流旋转发亮，此时接通整步表上琴键开关，观察整步表及开关上 V 表和 Hz 表上指针在中间位置，S 表指针缓慢旋转。待 A 相灯熄灭时，合上并网开关 S_1，把同步发电机投入电网并网运行（为选准并网时机，可让其循环几次再并网）。

（6）停机时，应先断开整步表上琴键开关，然后按下旋转灯、并网开关、同步机励磁电源上红色按钮，即断开电网开关 S_1，将 R_{st} 调至最大，断开电枢电源，再断开励磁电源，把三相调压器旋至零位。

3. 用自同步法将三相同步发电机投入电网并网运行

（1）在并网开关 S_1 断开且相序相同的条件下，把开关 S_2 闭合到励磁端（图示右端），整步表上琴键开关打在"断开"位置。

（2）按他励电动机的启动步骤启动 MG，并使 MG 升速到接近同步转速（1485～1515r/min）。

（3）调节同步发电机励磁电源调压旋钮或 R_{f2}，以调节 I_f 使发电机电压约等于电网电压 220V。

（4）将开关 S_2 闭合到 R 端。R 用 90Ω 固定阻值（约为三相同步发电机励磁绕组电阻的 10 倍）。

（5）合上并网开关 S_1，再把开关 S_2 闭合到励磁端，这时电机利用"自整步作用"使其迅速被牵入同步，再接通整步表开关。

4. 三相同步发电机与电网并网运行时有功功率的调节

（1）按上述任意一种方法把同步发电机投入电网并网运行。

（2）并网以后，调节校正直流测功机 MG 的励磁电阻 R_{f1} 和发电机的励磁电流 I_f，使同步发电机定子电流接近于零，这时相应的同步发电机励磁电流 $I_f = I_{f0}$。

（3）保持这一励磁电流 I_{f0} 不变，调节直流测功机 MG 的励磁调节电阻 R_{f1}，使其阻值增加，这时同步发电机输出功率 P_2 增大。

（4）在同步机定子电流接近于零到额定电流的范围内，读取三相电流、三相功率、功率因数，共测 6～7 组，记录于表 4.10。

表 4.10 　　　　　**数 据 记 录 表**　　$U=$____ V（Y 接法），$I_f=I_{f0}=$____ A

序号	输出电流 I/A				输出功率 P_2/W			功率因数
	I_A	I_B	I_C	I	P_{I}	P_{II}	P_2	$\cos\varphi$

表中

$$I = (I_A + I_B + I_C)/3$$
$$P_2 = P_{\mathrm{I}} + P_{\mathrm{II}}$$
$$\cos\varphi = P_2/\sqrt{3}UI$$

5. 三相同步发电机与电网并网运行时无功功率的调节

（1）测取当输出功率等于零时三相同步发电机的 V 形曲线。

1）按上述任意一种方法把同步发电机投入电网并网运行。

2）保持同步发电机的输出功率 $P_2 \approx 0$。

3）先调节 R_{f2} 使同步发电机励磁电流 I_f 上升（调节应先调节 90Ω 串联 90Ω 部分，调至零位后用导线短接，再调节 90Ω 并联 90Ω 部分），使同步发电机定子电流上升到额定电流，并调节 R_{st} 保持 $P_2 \approx 0$。记录此点同步发电机励磁电流 I_f、定子电流 I。

4）减小同步发电机励磁电流 I_f 使定子电流 I 减小到最小值，记录此点数据。

5）继续减小同步发电机励磁电流，这时定子电流又将增大。

6）在过励和欠励情况下读取数据 9～10 组，记录于表 4.11。

表 4.11 　　　　　**数 据 记 录 表**　　$n=$____ r/min，$U=$____ V，$P_2 \approx 0$

序号	三相电流 I/A				励磁电流 I_f/A
	I_A	I_B	I_C	I	

表中 $$I = (I_A + I_B + I_C)/3$$

（2）测取当输出功率等于 0.5 倍额定功率时三相同步发电机的 V 形曲线。

1）按上述任意一种方法把同步发电机投入电网并网运行。

2）保持同步发电机的输出功率 P_2 等于 0.5 倍额定功率。

3）增加同步发电机励磁电流 I_f，使同步发电机定子电流上升到额定电流，记录此点同步发电机励磁电流 I_f、定子电流 I。

4）减小同步发电机励磁电流 I_f 使定子电流 I 减小到最小值，记录此点数据。

5）继续减小同步发电机励磁电流 I_f，这时定子电流又将增大至额定电流。

6）在过励和欠励情况下共取数据 9～10 组，记录于表 4.12。

表 4.12　　　　　　　　数 据 记 录 表　　$n=$ ＿＿ r/min, $U=$ ＿＿ V, $P_2 \approx 0.5P_N$

序号	三相电流 I/A				励磁电流 I_f/A
	I_A	I_B	I_C	I	

表中 $$I = (I_A + I_B + I_C)/3$$

4.2.6　实验报告

（1）评述准同步法和自同步法的优缺点。

（2）试述并网运行条件不满足时并网将引起什么后果。

（3）试述三相同步发电机和电网并网运行时有功功率和无功功率的调节方法。

（4）画出 $P_2 \approx 0$ 和 $P_2 \approx 0.5$ 倍额定功率时同步发电机的 V 形曲线，并加以说明。

4.2.7　思考题

（1）自同步法将三相同步发电机投入电网并网运行时，先把同步发电机的励磁绕组串入 10 倍励磁绕组电阻值的附加电阻 R 组成回路的作用是什么？

（2）自同步法将三相同步发电机投入电网并网运行时，先由原动机把同步发电机带动旋转到接近同步转速（1485～1515r/min）然后并入电网，若转速太低并网将产生什么情况？

4.3 三相同步电动机

4.3.1 实验目的

(1) 掌握三相同步电动机的异步启动方法。

(2) 测取三相同步电动机的 V 形曲线。

(3) 测取三相同步电动机的工作特性。

4.3.2 预习要点

(1) 三相同步电动机异步启动的原理及操作步骤。

(2) 三相同步电动机的 V 形曲线是怎样的？怎样作为无功发电机（调相机）使用？

(3) 三相同步电动机的工作特性怎样？怎样测取？

4.3.3 实验项目

(1) 三相同步电动机的异步启动。

(2) 测取三相同步电动机输出功率 $P_2 \approx 0$ 时的 V 形曲线。

(3) 测取三相同步电动机输出功率 $P_2 = 0.5$ 倍额定功率时的 V 形曲线。

(4) 测取三相同步电动机的工作特性。

4.3.4 选用组件

1. 实验设备

实验设备见表 4.13。

表 4.13   **实 验 设 备 表**

序号	名　　称	数量	序号	名　　称	数量
1	导轨、测速发电机及转速表	1	7	直流数字电压、毫安、安培表	2
2	校正直流测功机	1	8	三相可调电阻器 1	1
3	三相凸极式同步电机	1	9	三相可调电阻器 2	1
4	数/模交流电流表	1	10	旋转灯、并网开关、同步机励磁电源	1
5	数/模交流电压表	1	11	波形测试及开关板	1
6	智能型功率、功率因数表	1			

2. 屏上挂件排列顺序

直流数字电压、毫安、安培表，三相可调电阻器 2，数/模交流电压表，数/模交流电流表，智能型功率、功率因数表，三相可调电阻器 1，旋转灯、并网开关、同步机励磁电源，波形测试及开关板，直流数字电压、毫安、安培表。

4.3.5 实验方法

1. 三相同步电动机的异步启动

(1) 按图 4.5 接线，其中 R 的阻值为同步电动机 MS 励磁绕组电阻的 10 倍（约 90Ω），选用三相可调电阻器 1 上 90Ω 固定电阻，R_f 选用三相可调电阻器 1 上 90Ω 串联 90Ω 加上 90Ω 并联 90Ω 共 225Ω 阻值，R_{f1} 选用三相可调电阻器 2 上 900Ω 串联 900Ω 共 1800Ω 阻值并调至最小，R_2 选用三相可调电阻器 2 上 900Ω 串联 900Ω 加上 900Ω 并联 900Ω 共 2250Ω 阻值并调至最大。MS 为三相凸极式同步电机（Y 接法，额定电压 $U_N = 220V$）。

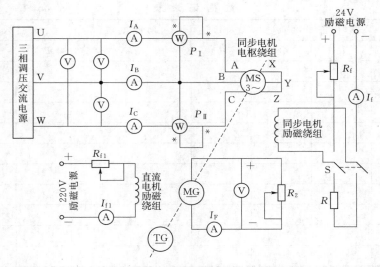

图 4.5　三相同步电动机实验接线图

（2）开关 S 闭合于励磁电源一侧。

（3）将控制屏左侧调压器旋钮逆时针旋转至零位。接通电源总开关，并按下"启动"按钮。调节旋转灯、并网开关、同步机励磁电源调压旋钮及 R_f 阻值，使同步电机励磁电流 I_f 约 0.7A。

（4）把开关 S 闭合于 R 电阻一侧，顺时针调节调压器旋钮，使升压至同步电动机额定电压 220V，观察电机旋转方向，若不符合，则应调整相序使电机旋转方向符合要求。

（5）当转速接近同步转速 1500r/min 时，把开关 S 迅速从下端切换到上端让同步电动机励磁绕组加直流励磁而强制拉入同步运行，异步启动同步电动机的整个启动过程完毕。

2. 测取三相同步电动机输出功率 $P_2 \approx 0$ 时的 V 形曲线

（1）同步电动机空载（轴端不连接校正直流测功机，直接与导轨相连），按上述方法启动同步电动机。

（2）调节同步电动机的励磁电流 I_f 并使其增加，这时同步电动机的定子三相电流 I 亦随之增加直至达额定值，记录定子三相电流 I 和相应的励磁电流 I_f、输入功率 P_1。

（3）调节 I_f 使其逐渐减小，这时 I 亦随之减小直至最小值，记录这时 MS 的定子三相电流 I、励磁电流 I_f 及输入功率 P_1。

（4）继续减小同步电动机的励磁电流 I_f，直到同步电动机的定子三相电流反而增大达到额定值。

（5）在过励和欠励范围内读取数据 9～11 组，记录于表 4.14。

表中
$$I = (I_A + I_B + I_C)/3$$
$$P_1 = P_I + P_{II}$$

3. 测取三相同步电动机输出功率 $P_2 \approx 0.5$ 倍额定功率时的 V 形曲线

（1）同轴连接校正直流电机 MG（按他励发电机接线）作 MS 的负载。

（2）按实验方法步骤 1 启动同步电动机，保持直流电机的励磁电流为规定值（50mA 或 100mA），改变直流电机负载电阻 R_2 的大小，使同步电动机输出功率 P_2 改变，直至同步电动机输出功率接近于 0.5 倍额定功率且保持不变。

表 4.14　　　　　　　　　　数 据 记 录 表　　　$n=$＿＿ r/min, $U=$＿＿ V, $P_2 \approx 0$

序号	定子三相电流/A				励磁电流	输入功率/W		
	I_A	I_B	I_C	I	I_f/A	P_I	P_{II}	P_1
1								
2								
3								
4								
5								
6								
7								
8								
9								
10								

输出功率

$$P_2 = 0.105 n T_2$$

式中: n 为电机转速, r/min; T_2 为由直流电机负载电流 I_F 查对应转矩, N·m。

(3) 调节同步电动机的励磁电流 I_f 使其增加, 这时同步电动机的定子三相电流 I 亦随之增加, 直到同步电动机达额定电流, 记录定子三相电流 I 和相应的励磁电流 I_f、输入功率 P_1。

(4) 调节 I_f 使其逐渐减小, 这时 I 亦随之减小直至最小值, 记录这时的定子三相电流 I、励磁电流 I_f、输入功率 P_1。

(5) 继续调小 I_f, 这时同步电动机的定子电流 I 反而增大直到额定值。

(6) 在过励和欠励范围内读取数据 9～11 组, 记录于表 4.15。

表 4.15　　　　　　　　　　数 据 记 录 表　　　$n=$＿＿ r/min, $U=$＿＿ V, $P_2 \approx 0.5 P_N$

序号	定子三相电流 /A				励磁电流	输入功率 /W		
	I_A	I_B	I_C	I	I_f/A	P_I	P_{II}	P_1
1								
2								
3								
4								
5								
6								
7								
8								
9								
10								

表中
$$I = (I_A + I_B + I_C)/3$$
$$P_1 = P_I + P_{II}$$

4. 测取三相同步电动机的工作特性

（1）启动同步电动机。

（2）调节直流发电机的励磁电流为规定值并保持不变。

（3）调节直流发电机的负载电流 I_f，同时调节同步电动机的励磁电流 I_f 使同步电动机输出功率 P_2 达额定值及功率因数为1。

（4）保持此时同步电动机的励磁电流 I_f 及校正直流测功机的励磁电流恒定不变，逐渐减小直流电机的负载电流，使同步电动机输出功率逐渐减小直至为零，读取定子电流 I、输入功率 P_1、输出转矩 T_2、转速 n，共测 6～7 组，记录于表 4.16。

表 4.16 　　　　　　　　　 数 据 记 录 表

$U = U_N = \underline{\hspace{1cm}}$ V, $I_f = \underline{\hspace{1cm}}$ A, $n = \underline{\hspace{1cm}}$ r/min

同步电动机输入								同步电动机输出			
I_A/A	I_B/A	I_C/A	I/A	P_I/W	P_{II}/W	P_1/W	$\cos\varphi$	I_F/A	T_2 /(N·m)	P_2/W	η

表中
$$I = (I_A + I_B + I_C)/3$$
$$P_1 = P_I + P_{II}$$
$$P_2 = 0.105 n T_2$$
$$\eta = \frac{P_2}{P_1} \times 100\%$$

4.3.6 实验报告

（1）作 $P_2 \approx 0$ 时同步电动机 V 形曲线 $I = f(I_f)$，并说明定子电流的性质。

（2）作 $P_2 \approx 0.5$ 倍额定功率时同步电动机的 V 形曲线 $I = f(I_f)$，并说明定子电流的性质。

（3）作同步电动机的工作特性曲线 I、P、$\cos\varphi$、T_2、$\eta = f(P_2)$

4.3.7 思考题

（1）同步电动机异步启动时，先把同步电动机的励磁绕组经一可调电阻 R 构成回路，这可调电阻的阻值调节在同步电动机励磁绕组电阻值的 10 倍，这电阻在启动过程中的作用是什么？若这电阻为零时又将怎样？

（2）在保持恒功率输出测取 V 形曲线时输入功率将有什么变化？为什么？

（3）评价这台同步电动机的工作特性。

4.4 三相同步发电机参数的测定

4.4.1 实验目的

掌握三相同步发电机参数的测定方法，并进行分析比较加深理论学习。

4.4.2 预习要点

(1) 同步发电机参数 X_d、X_q、X_d'、X_q'、X_d''、X_q''、X_0、X_2 各代表什么物理意义？对应什么磁路和耦合关系？

(2) 这些参数的测量有哪些方法？并进行分析比较。

(3) 怎样判别同步发电机定子旋转磁场与转子的旋转方向是同方向还是反方向？

4.4.3 实验项目

(1) 用转差法测定同步发电机的同步电抗 X_d、X_q。

(2) 用反同步旋转法测定同步发电机的负序电抗 X_2 及负序电阻 r_2。

(3) 用单相电源测同步发电机的零序电抗 X_0。

(4) 用静止法测超瞬变电抗 X_d''、X_q'' 或瞬变电抗 X_d'、X_q'。

4.4.4 选用组件

1. 实验设备

实验设备见表 4.17。

表 4.17 实 验 设 备 表

序号	名　　称	数量	序号	名　　称	数量
1	导轨、测速发电机及转速表	1	6	数/模交流电流表	1
2	校正直流测功机	1	7	数/模交流电压表	1
3	三相同步电机	1	8	智能型功率、功率因数表	1
4	三相可调电阻器	1	9	波形测试及开关板	1
5	可调电阻器、电容器	1			

2. 屏上挂件排列顺序

可调电阻器、电容器，数/模交流电压表，数/模交流电流表，智能型功率、功率因数表，波形测试及开关板，三相可调电阻器。

4.4.5 实验方法

1. 用转差法测定同步发电机的同步电抗 X_d、X_q

(1) 按图 4.6 接线，同步发电机 GS 定子绕组用 Y 接法。校正直流测功机 MG 按他励电动机方式接线，用作 GS 的原动机。R_f 选用可调电阻器、电容器上 1800Ω 电阻，并调至最小。R_{st} 选用可调电阻器、电容器上 180Ω 电阻，并调至最大。R 选用三相可调电阻器上 90Ω 固定电阻。开关 S 合向 R 端。

(2) 把控制屏左侧调压器旋钮退到零位，功率表电流线圈短接。检查控制屏下方两边的电枢电源开关及励磁电源开关都须在"关"的位置。

(3) 接通控制屏上的电源总开关，按下"启动"按钮，先接通励磁电源，后接通电枢电源，启动直流电动机 MG，观察电动机转向。

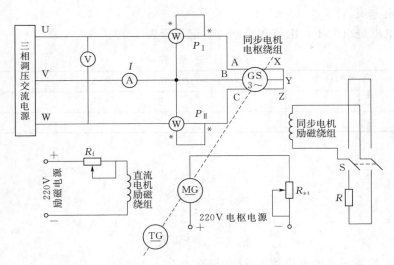

图 4.6 用转差法测同步发电机的同步电抗接线图

（4）断开电枢电源和励磁电源，使直流电动机 MG 停机。再调节调压器旋钮，给三相同步电机加一电压，使其作同步电动机启动，观察同步电机转向。

（5）若此时同步电机转向与直流电机转向一致，则说明同步电机定子旋转磁场与转子转向一致；若不一致，将三相电源任意两相换接，使定子旋转磁场转向改变。

（6）调节调压器给同步发电机加 5%～15% 的额定电压（电压数值不宜过高，以免磁阻转矩将电机牵入同步，同时也不能太低，以免剩磁引起较大误差）。

（7）调节直流电机 MG 转速，使之升速到接近 GS 的额定转速 1500r/min，直至同步发电机电枢电流表指针缓慢摆动（电流表量程选用 0.3A 挡），在同一瞬间读取电枢电流周期性摆动的最小值与相应电压最大值，以及电流周期性摆动最大值和相应电压最小值。测此两组数据，记录于表 4.18。

表 4.18   **数 据 记 录 表**

序号	I_{max}/A	U_{min}/V	X_q/Ω	I_{min}/A	U_{max}/V	X_d/Ω
1						
2						

表中

$$X_q = U_{min}/\sqrt{3}I_{max}$$

$$X_d = U_{max}/\sqrt{3}I_{min}$$

2. 用反同步旋转法测定同步发电机的负序电抗 X_2 及负序电阻 r_2

（1）将同步发电机电枢绕组任意两相对换，以改换相序使同步发电机的定子旋转磁场和转子转向相反。

（2）开关 S 闭合在短接端，调压器旋钮退至零位。

（3）接通控制屏上的钥匙开关，按下"启动"按钮，先接通励磁电源，后接通电枢电源。启动直流电机 MG，并使电机升至额定转速 1500r/min。

（4）顺时针缓慢调节调压器旋钮，使三相交流电源逐渐升压直至同步发电机电枢电流达

30%～40%额定电流。

（5）读取电枢绕组电压、电流和功率值，记录于表 4.19。

表 4.19　　　　　　　　　　数 据 记 录 表

序号	I/A	U/V	P_I/W	P_{II}/W	P/W	r_2/Ω	X_2/Ω

表中

$$P = P_I + P_{II}$$
$$Z_2 = U/(\sqrt{3}I)$$
$$r_2 = P/(3I^2)$$
$$X_2 = \sqrt{Z_2^2 - r_2^2}$$

3. 用单相电源测同步发电机的零序电抗 X_0

（1）按图 4.7 接线，将 GS 的三相电枢绕组首尾依次串联，接至单相交流电源 U、N 端。

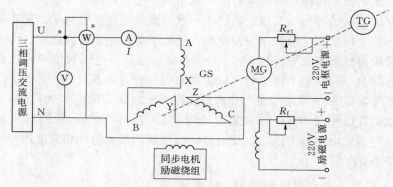

图 4.7　用单相电源测同步发电机的零序电抗

（2）调压器退至零位，同步发电机励磁绕组短接。

（3）启动直流电机 MG 并使电机升至额定转速 1500r/min。

（4）接通交流电源并调节调压器使 GS 定子绕组电流上升至额定电流值。

（5）测取此时的电压、电流和功率值，记录于表 4.20。

表 4.20　　　　　　　　　　数 据 记 录 表

序号	U/V	I/A	P/W	X_0/Ω

表中

$$Z_0 = U/(3I)$$
$$r_0 = P/(3I^2)$$
$$X_0 = \sqrt{Z_0^2 - r_0^2}$$

4. 用静止法测超瞬变电抗 X''_d、X''_q 或瞬变电抗 X'_d、x'_q

（1）按图 4.8 接线，将 GS 三相电枢绕组连接成星形，任取两相端点接至单相交流电源 U、N 端上。两只电流表均用数/模交流电流表挂件。

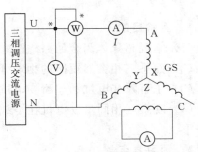

（2）调压器退到零位，发电机处于静止状态。

（3）接通交流电源并调节调压器逐渐升高输出电压，使同步发电机定子绕组电流接近 $20\%I_N$。

（4）用手缓慢转动同步发电机转子，观察两只电流表读数的变化，仔细调整同步发电机转子的位置使两只电流表读数达最大。

图 4.8　用静止法测超瞬变电抗

（5）读取这位置时的电压、定子绕组电流、功率值，记录于表 4.21。

表 4.21　　　　　　　　数 据 记 录 表

序号	U/V	I/A	P/W	X''_d/Ω

表中

$$Z''_d = U/(2I)$$
$$r''_d = P/(2I^2)$$
$$X''_d = \sqrt{Z''^2_d - r''^2_d}$$

（6）把同步发电机转子转过 $45°$，在这附近仔细调整同步发电机转子的位置使两只电流表指示达最小。

（7）读取这位置时的电压 U、电流 I、功率 P 值，记录于表 4.22。

表 4.22　　　　　　　　数 据 记 录 表

序号	U/V	I/A	P/W	X''_q/Ω

表中

$$Z''_q = U/(2I)$$
$$r''_q = P/(2I^2)$$
$$X''_q = \sqrt{Z''^2_q - r''^2_q}$$

4.4.6　实验报告

根据实验数据计算 X_d、X_q、X_2、r_2、X_0、X''_d、X''_q。

4.4.7　思考题

（1）各电抗参数的物理意义是什么？

（2）各项实验方法的理论根据是什么？

4.5 三相同步发电机突然短路

4.5.1 实验目的

（1）掌握超导体闭合回路磁链守恒原则。

（2）熟悉三相突然短路的物理分析，短路电流及时间常数的计算。

（3）了解瞬变电抗和超瞬变电抗及其测定方法。

（4）观察三相同步发电机在空载状态下突然短路时定子绕组以及励磁绕组通过的瞬间电流波形。

4.5.2 预习要点

三相同步发电机突然短路的数学分析。

4.5.3 实验项目

观察突然短路时定子绕组以及励磁绕组的瞬间电流。

4.5.4 选用组件

1. 实验设备

实验设备见表 4.23。

表 4.23 实 验 设 备 表

序号	名　　称	数量	序号	名　　称	数量
1	导轨、测速发电机及转速表	1	7	三相可调电阻器 1	1
2	三相同步电机	1	8	三相可调电阻器 2	1
3	校正直流测功机	1	9	可调电阻器、电容器	1
4	直流数字电压、毫安、安培表	1	10	旋转灯、并网开关、同步机励磁电源	1
5	数/模交流电流表	1	11	数字式记忆示波器（自备）	1
6	数/模交流电压表	1			

2. 屏上挂件排列顺序

三相可调电阻器 2，直流数字电压、毫安、安培表，三相可调电阻器 1，数/模交流电流表，数/模交流电压表，可调电阻器、电容器，旋转灯、并网开关、同步机励磁电源。

4.5.5 实验方法

（1）按图 4.9 接线，其中校正直流测功机的励磁电阻 R_{f1} 选用可调电阻器、电容器上的 900Ω 加 900Ω 共 1800Ω 阻值，R_1 选用可调电阻器、电容器上的 90Ω 串联 90Ω 共 180Ω 阻值，电阻 R 选用三相可调电阻器 1 上的 90Ω 并联 90Ω 共 45Ω 阻值，R_{f2} 选用三相可调电阻器 2 上的 900Ω 串联 900Ω 共 1800Ω 阻值，交流电流表选用数/模交流电流表上的电流表，开关 S 选用旋转灯、并网开关、同步发电机励磁电源上的交流接触器。同步发电机的励磁电源选用旋转灯、并网开关、同步发电机励磁电源上提供的电源。启动之前，电阻 R_1 调至最大位置，R_{f1} 调至最小位置，电阻 R_{f2} 调至最大位置，开关 S 处于断开状态。

（2）先接通校正直流测功机的励磁电源，然后接通电枢电源，同时使该电机的转向符合正转要求。升高电枢电压至 220V，将启动电阻 R_1 调至最小位置使校正直流测功机在额定电压下运行，再调节励磁电阻 R_{f1} 使其转速达到同步转速 1500r/min。

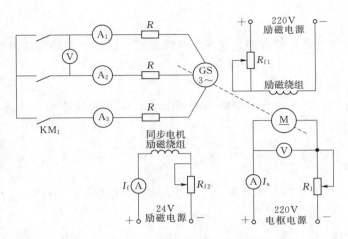

图 4.9　三相同步发电机突然短路实验接线图

（3）然后调节同步电机的励磁电流使同步电机输出电压等于额定电压 110V。在表 4.24 中记录此时电机的转速、电压、定子电流、励磁电流以及校正直流测功机的电枢电流。

表 4.24　　　　　　　　　　　　　　数 据 记 录 表

序号	$n/(\text{r/min})$	U/V	I/A	I_f/A	I_a/A
短路前					
短路后					

（4）将数字式记忆示波器的探头接至 A 相绕组所串联电阻 R 两端。按下旋转灯、并网开关、同步机励磁电源上的"启动"按钮使同步发电机突然短路，用示波器摄录短路后定子绕组电流的波形。将短路后转速、电压、定子电流、励磁电流以及校正直流测功机的电枢电流数据记录于表 4.24。然后将数字式记忆示波器的触发电平位置调高。按下旋转灯、并网开关、同步机励磁电源上的"停止"按钮，使同步发电机开路，将数字式记忆示波器设为单脉冲触发状态。重新按下旋转灯、并网开关、同步机励磁电源上的"启动"按钮使同步发电机突然短路，数字式记忆示波器上将显示突然短路时 A 相绕组瞬时的电流波形。在图 4.10 中画出突然短路瞬间 A 相电流的瞬时波形。

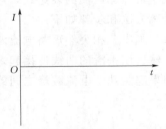

（a）突然短路瞬间 A 相的电流波形图

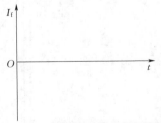

（b）突然短路瞬间励磁电流波形图

图 4.10　画出短路瞬间定子绕组电流和励磁电流的波形图

（5）按下旋转灯、并网开关、同步机励磁电源上的"停止"按钮，使三相同步发电机开路。将示波器的探头接至励磁绕组所串联电阻 R_{f2} 两端，按步骤（4）所述方法用数字式记忆示波器摄录短路瞬间三相同步发电机的励磁电流波形，并在图 4.10 中画出突然短路瞬间励磁电流的波形。

4.5.6 实验报告

1. 绘制波形图

画出三相同步发电机在空载额定电压下突然短路时励磁绕组的电流波形，以及定子绕组的电流波形。

2. 计算数据

根据电机学可知，定子电流一般应为周期分量、非周期分量和 2 次谐波三个分量之和。若忽略 2 次谐波，则有

$$i = \sqrt{2}E_0\left[\frac{1}{X_d} + \left(\frac{1}{X_d'} - \frac{1}{X_d}\right)e^{-\frac{t}{T_d'}} + \left(\frac{1}{X_d''} - \frac{1}{X_d'}\right)e^{-\frac{t}{T_d''}}\right]\cos(\omega t + \beta_{ph}) + \frac{\sqrt{2}E_0}{X_d''}\cos\beta_{ph}\,e^{-\frac{t}{T_a}}$$

$$= \sqrt{2}\left[I_k(\infty) + \Delta I_k'(0)e^{-\frac{t}{T_d'}} + \Delta I_k''(0)e^{-\frac{t}{T_d''}}\right]\cos(\omega t + \beta_{ph}) + I_{a1}e^{-\frac{t}{T_a}}$$

$$= \sqrt{2}\left[I_k(\infty) + \Delta I_k' + \Delta I_k''\right]\cos(\omega t + \beta_{ph}) + I_{a1}e^{-\frac{t}{T_a}}$$

式中：$I_k(\infty) = \dfrac{\sqrt{2}E_0}{X_d}$ 为短路稳态电流最大值；$\Delta I_k'(0) = \sqrt{2}E_0\left(\dfrac{1}{X_d'} - \dfrac{1}{X_d}\right)$ 为瞬变分量电流的最大值；$\Delta I_k''(0) = \sqrt{2}E_0\left(\dfrac{1}{X_d''} - \dfrac{1}{X_d'}\right)$ 为超瞬变分量电流的最大值；$I_{a1} = \dfrac{\sqrt{2}E_0}{X_d''}\cos\beta_{ph}$ 为非周期分量电流的起始值；T_d'、T_d''、T_a 分别为三相突然短路时瞬变分量、超瞬变分量和非周期分量电流衰减时间常数。

$$\Delta I_k' = \Delta I_k'(0)e^{-\frac{t}{T_d'}}$$

$$\Delta I_k'' = \Delta I_k''(0)e^{-\frac{t}{T_d''}}$$

根据上述相电流的表达式，可以确定瞬变分量电流、超瞬变分量电流以及非周期分量电流的分离方法和步骤如下：

（1）画出三相突然短路电流波幅的包络线。将所摄录电流波形的各个波峰值绘制在坐标纸上，然后用平滑的曲线连接起来，就得到一相电流波形的上下两条包络线，如图 4.11 所示。如果起始几个电流波峰之间的时间间隔不相等，则应按实际量得的时间间隔绘制。

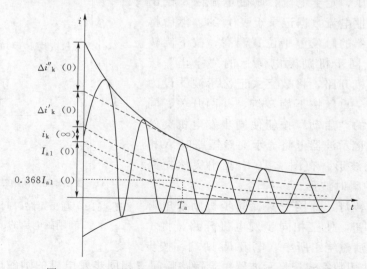

图 4.11　三相同步发电机突然短路定子绕组电流波形

（2）将各项电流的周期分量与非周期分量分开。两瞬时包络线距离的中点连线（即图 4.11 中虚线所示），为非周期分量电流衰减曲线。两者代数差的一半（即虚线至包络线的距离）为该瞬间电流的周期分量，再求出三相电流周期分量的平均值。

（3）计算瞬变分量（$\Delta i'_k$）和超瞬变分量（$\Delta i''_k$）。从电枢电流周期分量中减去稳态短路电流 $I_{k(\infty)}$，即得电流曲线（$\Delta i'_k + \Delta i''_k$），将其绘于半对数坐标纸上，如图 4.12 所示。将（$\Delta i'_k + \Delta i''_k$）曲线后半部的直线部分延伸到纵坐标上，其交点即为短路电流瞬变分量的初始值 $\Delta i'_k(0)$。

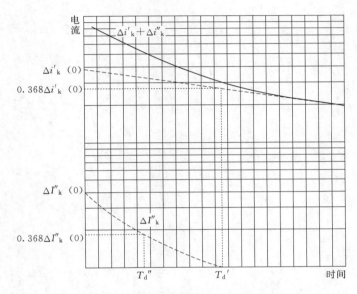

图 4.12 瞬变分量分析图（半对数坐标纸）

在半对数坐标纸上，曲线（$\Delta i'_k + \Delta i''_k$）与直线 $\Delta i'_k$ 在同一瞬间的差值即为短路电流的超瞬变分量 $\Delta i''_k$。把超瞬变电流分量与时间的关系也画在半对数坐标纸上，并将其延伸到纵坐标轴，则交点即为超瞬变分量电流的起始值 $\Delta i''_k(0)$。

（4）计算直轴瞬变电抗 X'_d 及超瞬变电抗 X''_d。

$$X'_d = \frac{\sqrt{2}U}{\sqrt{3}[i_k(\infty) + \Delta i'_k(0)]}$$

$$X'^*_d = \frac{I_{\varphi N}}{U_{\varphi N}} X'_d$$

$$X''_d = \frac{\sqrt{2}U}{\sqrt{3}[i_k(\infty) + \Delta i'_k(0) + \Delta i''_k(0)]}$$

$$X''^*_d = \frac{I_{\varphi N}}{U_{\varphi N}} X''_d$$

式中：$U_{\varphi N}$ 和 $I_{\varphi N}$ 分别为被试电机的额定相电压和额定相电流。

（5）确定时间常数 T'_d、T''_d、T_a。电枢绕组短路时的直轴瞬变时间常数 T'_d 是电枢电流瞬变周期分量自初始值 $\Delta i'_k(0)$ 衰减到 $0.368\Delta i'_k(0)$ 时所需要的时间。

　　电枢绕组短路时的直轴超瞬变时间常数 T''_d 是电枢电流超瞬变分量自初始值 $\Delta i''_k(0)$ 衰减到 $0.368\Delta i''_k(0)$ 时所需要的时间。

　　电枢绕组短路时的非周期分量时间常数 T_a 是电枢电流非周期分量 I_{a1} 自初始值衰减到 0.368 初始值时所需要的时间。

4.6 三相同步发电机不对称运行

4.6.1 实验目的

（1）掌握不对称运行的相序方程式和等值电路。

（2）熟悉负序和零序参数及其测定。

（3）熟悉几种不对称稳态短路的分析。

4.6.2 预习要点

（1）对称分量分析方法及使用条件。

（2）负序阻抗以及零序阻抗的含义。

（3）不对称稳态短路的分析。

4.6.3 实验项目

（1）零序阻抗及负序阻抗的测定。

（2）单相短路不对称运行实验。

（3）相间短路不对称运行实验。

4.6.4 选用组件

1. 实验设备

实验设备见表 4.25。

表 4.25 实 验 设 备 表

序号	名　称	数量	序号	名　称	数量
1	导轨、测速发电机及转速表	1	6	数/模交流电压表	1
2	三相同步电机	1	7	智能型功率、功率因数表	1
3	校正直流测功机	1	8	可调电阻器	1
4	直流数字电压、毫安、电流表	1	9	旋转灯、并网开关、同步机励磁电源	1
5	数/模交流电流表	1	10	波形测试及开关板	1

2. 屏上挂件排列顺序

直流数字电压、毫安、安培表，可调电阻器，数/模交流电流表，数/模交流电压表，旋转灯、并网开关、同步机励磁电源，智能型功率、功率因数表，波形测试及开关板。

4.6.5 实验方法

1. 零序电抗及负序电抗的测定

（1）零序电抗的测定。

1）按图 4.13 接线，其中电阻 R_1 选用三相可调电阻器上的 $900\,\Omega$ 并联 $900\,\Omega$ 共 $450\,\Omega$ 阻值，电阻 R_{f1} 选用三相可调电阻器上的 $900\,\Omega$ 串联 $900\,\Omega$ 共 $1800\,\Omega$ 阻值。将电阻 R_1 调至最大位置，电阻 R_{f1} 调至最小位置。并将电枢电源输出电压调至 $220\,V$，为启动电机做好准备。

2）首先接通校正直流测功机的励磁电源，然后接通电枢电源使电机符合正转要求，减

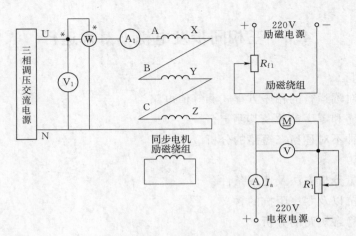

图 4.13　测定零序电抗接线图

小电阻 R_1 至最小位置使电动机全压运转，然后调节电阻 R_{f1} 使机组转速达到 1500r/min。将同步发电机的定子绕组串联连接，在端点上施加额定频率的交流电压，使电流数值（零序电流）等于 $0.25I_N$。将此时所得到的数据记录于表 4.26。

表 4.26　　　　　　　　　　　　　数 据 记 录 表

测量数据	U_0/V	I_0/A	P_0/W
数值			

（2）负序电抗的测定。

1）按图 4.14 接线，其中电阻 R_1 选用三相可调电阻器上 900Ω 并联 900Ω 共 450Ω 阻值，R_{f1} 选用三相可调电阻器上 900Ω 串联 900Ω 共 1800Ω 阻值。将电阻 R_1 调至最大位置，电阻 R_{f1} 调至最小位置，为启动电机做好准备。

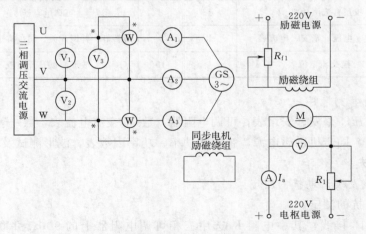

图 4.14　测定负序电抗接线图

2）按下控制屏上的"启动"按钮，调节控制屏左侧调压器使电压升高，使电机运转起来，如果同步电机为正转，则应调换相序使电机运转方向为反转。然后先接通校正直流测功机的励磁电源，再接通电枢电源，使机组符合正转旋转方向。减小电阻 R_1 使校正直流测功机全压运转，调节励磁电阻 R_{f1} 使机组转速达到 1500r/min，定子加三相对称的电压，使此时的电流等于 $0.25I_N$，将此时的电压 U_-、电流 I_- 及功率 P_- 记录于表 4.27。

表 4.27 数 据 记 录 表

测量数据	U_1/V	U_2/V	U_3/V	U_-/V	I_1/A	I_2/A	I_3/A	I_-/A	P_-/W
数值									

表中

$$U_- = \frac{U_1 + U_2 + U_3}{3}, \quad I_- = \frac{I_1 + I_2 + I_3}{3}$$

2. 单相短路不对称运行实验

（1）按图 4.15 接线，图中电阻选用三相可调电阻器挂件上对应阻值的电阻，R_{f1}、R_1 阻值同图 4.14，R_{f2} 为 450Ω。开关 S_1、S_2、S_3 选用波形测试及开关板上不同的开关。开关 S_1、S_2、S_3 均处于关断状态。

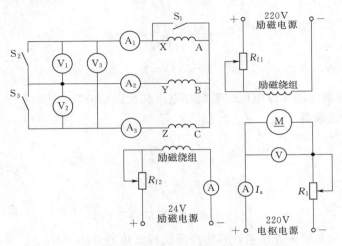

图 4.15 三相同步发电机不对称运行实验接线图

（2）按照上述启动方法启动校正直流测功机，并使转速达到 1500r/min。然后调节同步发电机的励磁电阻 R_{f2}，使同步发电机输出电压达到额定值 220V。此时三相同步发电机处于空载运行状态。将 U_1、U_2、U_3、I_1、I_2、I_3、I_a、I_{f2} 数值记录于表 4.28。

表 4.28 数 据 记 录 表

运 行 状 态	U_1/V	U_2/V	U_3/V	I_1/A	I_2/A	I_3/A	I_a/A	I_{f2}/A
空 载 运 行								
单相短路运行								
相间短路运行								
三相短路运行								

（3）保持同步发电机输出电压 $U=220V$，然后将开关 S_1 闭合，开关 S_2、S_3 断开，此时三相同步发电机处于单相短路运行状态。将测得的数据记录于表 4.28。

（4）保持同步发电机输出电压 220V 不变，然后将开关 S_2 闭合，开关 S_1、S_3 断开，三相同步发电机处于相间短路运行。将测得的数据记录于表 4.28。

（5）保持同步发电机输出电压 220V 不变，然后将开关 S_1 断开，开关 S_2、S_3 闭合，三相同步发电机处于三相稳态短路运行。将测得的数据记录于表 4.28。

4.6.6　实验报告

（1）根据实验数据计算同步发电机的零序电抗和负序电抗。

三相同步发电机的零序阻抗由下式求得

$$Z_0 = \frac{U_0}{3I_0}$$

$$r_0 = \frac{P_0}{3I_0^2}$$

$$X_0 = \sqrt{Z_0^2 - r_0^2}$$

其标幺值为

$$Z_0^* = \frac{I_{N\varphi}}{U_{N\varphi}} Z_0$$

$$r_0^* = \frac{I_{N\varphi}}{U_{N\varphi}} r_0$$

$$X_0^* = \frac{I_{N\varphi}}{U_{N\varphi}} X_0$$

式中：$U_{N\varphi}$ 和 $I_{N\varphi}$ 分别为同步发电机的额定相电压和额定相电流。

负序电抗由下式求得

$$Z_- = \frac{U_-}{\sqrt{3}I_-}$$

$$r_- = \frac{P_-}{3I_-^2}$$

$$X_- = \sqrt{Z_-^2 - r_-^2}$$

计算负序电抗标幺值的方法与计算零序阻抗标幺值的方法一样。

（2）当同步发电机的励磁电流相同时，单相短路稳态电流 I_{k1}、相间短路稳态电流 I_{k2} 以及三相稳态短路电流 I_k 之间的关系近似为 $I_{k1} : I_{k2} : I_k = 3 : \sqrt{3} : 1$。

（3）分析三相同步发电机不对称运行时的危害。

第5章 直流电机实验

5.1 认识实验

5.1.1 实验目的

（1）学习电机实验的基本要求与安全操作注意事项。

（2）认识在直流电机实验中所用的电机、仪表、变阻器等组件及使用方法。

（3）熟悉他励电动机（即并励电动机按他励方式）的接线、启动、改变电机转向与调速的方法。

5.1.2 预习要点

（1）如何正确选择使用仪器仪表，特别是电压表、电流表的量程？

（2）直流电动机启动时，为什么在电枢回路中需要串接启动变阻器？不串接会产生什么严重后果？

（3）直流电动机启动时，励磁回路串接的磁场变阻器应调至什么位置？为什么？若励磁回路断开造成失磁，会产生什么严重后果？

（4）直流电动机调速及改变转向的方法。

5.1.3 实验项目

（1）了解电源控制屏中的电枢电源、励磁电源、校正直流测功机、变阻器、多量程直流电压表、电流表及直流电动机的使用方法。

（2）用伏安法测直流电动机和直流发电机电枢绕组的冷态电阻。

（3）直流他励电动机的启动、调速及改变转向。

5.1.4 选用组件

1. 实验设备

实验设备见表 5.1。

表 5.1   实 验 设 备 表

序号	名　称	数量	序号	名　称	数量
1	导轨、测速发电机及转速表	1	5	三相可调电阻器	1
2	校正直流测功机	1	6	可调电阻器、电容器	1
3	直流并励电动机	1	7	波形测试及开关板	1
4	直流数字电压、毫安、安培表	2			

2. 屏上挂件排列顺序

直流数字电压、毫安、安培表，三相可调电阻器，波形测试及开关板，直流数字电压、毫安、安培表，可调电阻器、电容器。

5.1.5 实验方法

1. 实验说明

由实验指导人员介绍电机实验装置各面板布置及使用方法，讲解电机实验的基本要求、安全操作和注意事项。

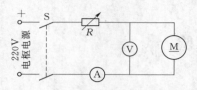

图 5.1 测电枢绕组直流电阻接线图

2. 用伏安法测电枢的直流电阻

（1）按图 5.1 接线，图中电阻 R 选用可调电阻器、电容器上 1800Ω 和 180Ω 串联共 1980Ω 阻值并调至最大，电流表 A 选用直流数字电压、毫安、安培表上的直流安培表，开关 S 选用波形测试及开关板挂箱上的双刀双掷开关。

（2）经检查无误后，接通电枢电源并调至 220V。调节 R 使电枢电流达到 0.2A（如果电流太大，可能由于剩磁的作用使电机旋转，测量无法进行；如果此时电流太小，可能由于接触电阻产生较大的误差），迅速测取电机电枢两端电压 U 和电流 I。将电机转子分别旋转三分之一周和三分之二周，同样测取 U、I 的 3 组数据，列于表 5.2。

（3）增大 R 使电流分别达到 0.15A 和 0.1A，用同样方法测取 6 组数据，列于表 5.2。

取三次测量的平均值作为实际冷态电阻值，即

$$R_a = \frac{1}{3}(R_{a1} + R_{a2} + R_{a3})$$

表 5.2　　　　　　　　　　　数 据 记 录 表　　　　　　　　　室温＿＿℃

序号	U/V	I/A	R（平均）/Ω		R_a/Ω	R_{aref}/Ω
1			$R_{a11}=$	$R_{a1}=$		
			$R_{a12}=$			
			$R_{a13}=$			
2			$R_{a21}=$	$R_{a2}=$		
			$R_{a22}=$			
			$R_{a23}=$			
3			$R_{a31}=$	$R_{a3}=$		
			$R_{a32}=$			
			$R_{a33}=$			

表中

$$R_{a1} = \frac{1}{3}(R_{a11} + R_{a12} + R_{a13})$$

$$R_{a2} = \frac{1}{3}(R_{a21} + R_{a22} + R_{a23})$$

$$R_{a3} = \frac{1}{3}(R_{a31} + R_{a32} + R_{a33})$$

（4）计算基准工作温度时的电枢电阻。由实验直接测得电枢绕组电阻值，此值为实际冷态电阻值，冷态温度为室温。按下式换算到基准工作温度时的电枢绕组电阻值

$$R_{aref} = R_a \frac{235 + \theta_{ref}}{235 + \theta_a}$$

式中：R_{aref} 为换算到基准工作温度时电枢绕组电阻，Ω；R_a 为电枢绕组的实际冷态电阻，Ω；θ_{ref} 为基准工作温度，对于 E 级绝缘为 75℃；θ_a 为实际冷态时电枢绕组的温度，℃。

3. 直流仪表、转速表和变阻器的选择

直流仪表、转速表量程根据电机的额定值和实验中可能达到的最大值来选择，变阻器根据实验要求来选用，并按电流的大小选择串联、并联或串并联的接法。

(1) 电压量程的选择。如测量电动机两端为 220V 的直流电压，选用直流电压表的 1000V 量程挡。

(2) 电流量程的选择。因为直流并励电动机的额定电流为 1.2A，测量电枢电流的电表可选用直流安培表的 5A 量程挡；额定励磁电流小于 0.16A，选用直流毫安表的 200mA 量程挡。

(3) 电机额定转速为 1600r/min，转速表选用 1800r/min 量程挡。

(4) 变阻器的选择。变阻器选用的原则是根据实验中所需的阻值和流过变阻器最大的电流来确定，电枢回路 R_1 可选用可调电阻器、电容器挂件的 1.3A 的 90Ω 与 90Ω 串联电阻，磁场回路 R_{fl} 可选用可调电阻器、电容器挂件的 0.41A 的 900Ω 与 900Ω 串联电阻。

4. 直流他励电动机的启动准备

按图 5.2 接线，选用直流并励电动机 M，其额定功率 $P_N = 185W$，额定电压 $U_N = 220V$，额定电流 $I_N = 1.2A$，额定转速 $n_N = 1600r/min$，额定励磁电流 $I_{fN} < 0.16A$。校正直流测功机 MG 作为测功机使用，TG 为测速发电机。直流电流表选用直流数字电压、毫安、安培表。R_{fl} 用可调电阻器、电容器的 1800Ω 阻值作为直流他励电动机励磁回路串接的电阻。R_{f2} 选用三相可调电阻器的 1800Ω 阻值的变阻器作为 MG 励磁回路串接的电阻。R_1 选用可调电阻器、电容器的 180Ω 阻值作为直流他励电动机的启动电阻，R_2 选用三相可调电阻器上的 900Ω 串 900Ω 加上 900Ω 并 900Ω 共 2250Ω

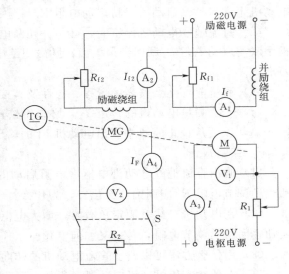

图 5.2 直流他励电动机接线图

阻值作为 MG 的负载电阻。接好线后，检查 M、MG 及 TG 之间是否用联轴器直接连接好。

5. 直流他励电动机启动步骤

(1) 检查按图 5.2 的接线是否正确，电表的极性、量程选择是否正确，电动机励磁回路接线是否牢固。然后，将电动机电枢串联启动电阻 R_1、测功机 MG 的负载电阻 R_2 及 MG 的磁场回路电阻 R_{f2} 调到阻值最大位置，M 的磁场调节电阻 R_{fl} 调到最小位置，断开开关 S，并确认断开控制屏下方右边的电枢电源开关，做好启动准备。

(2) 开启控制屏上的钥匙开关，按下其上方的"启动"按钮，接通其下方左边的励磁电源开关，观察 M 及 MG 的励磁电流值，调节 R_{f2} 使 I_{f2} 等于校正值（100mA）并保持不变，再接通控制屏右下方的电枢电源开关，使 M 启动。

(3) M 启动后观察转速表指针偏转方向，应为正向偏转；若不正确，可拨动转速表上正、反向开关来纠正。调节控制屏上电枢电源"电压调节"旋钮，使电动机电枢端电压为220 V。减小启动电阻 R_1 阻值，直至短接。

（4）合上校正直流测功机 MG 的负载开关 S，调节 R_2 阻值，使 MG 的负载电流 I_F 改变，即直流电动机 M 的输出转矩 T_2 改变（调不同的 I_F 值，查对应于 $I_{f2}=100\mathrm{mA}$ 时的校正曲线 $T_2=f(I_F)$，可得到 M 不同的输出转矩 T_2 值）。

（5）调节他励电动机的转速。分别改变串入电动机 M 电枢回路的调节电阻 R_1 和励磁回路的调节电阻 R_{f1}，观察转速变化情况。

（6）改变电动机的转向。将电枢串联启动变阻器 R_1 的阻值调回到最大值，先切断控制屏上的电枢电源开关，然后切断控制屏上的励磁电源开关，使他励电动机停机。在断电情况下，将电枢（或励磁绕组）的两端接线对调后，再按他励电动机的启动步骤启动电动机，并观察电动机的转向及转速表显示的转向。

5.1.6 注意事项

（1）直流他励电动机启动时，须将励磁回路串联的电阻 R_{f1} 调至最小，先接通励磁电源，使励磁电流最大，同时必须将电枢串联启动电阻 R_1 调至最大，然后方可接通电枢电源。使电动机正常启动。启动后，将启动电阻 R_1 调至零，使电机正常工作。

（2）直流他励电动机停机时，必须先切断电枢电源，然后断开励磁电源。同时必须将电枢串联的启动电阻 R_1 调回到最大值，励磁回路串联的电阻 R_{f1} 调回到最小值。给下次启动做好准备。

（3）测量前，注意仪表的量程、极性及其接法是否符合要求。

（4）若要测量电动机的转矩 T_2，必须将校正直流测功机 MG 的励磁电流调整到校正值 100mA，以便从校正曲线中查出电动机 M 的输出转矩。

5.1.7 实验报告

（1）画出直流他励电动机电枢串电阻启动的接线图。说明电动机启动时，启动电阻 R_1 和磁场调节电阻 R_{f1} 应调到什么位置，为什么？

（2）在电动机轻载及额定负载时，增大电枢回路的调节电阻，电机的转速如何变化？增大励磁回路的调节电阻，转速又如何变化？

（3）用什么方法可以改变直流电动机的转向？

（4）在他励直流电动机启动时，为什么要先加励磁电源后加电枢电源？

（5）为什么要求直流他励电动机磁场回路的接线要牢固，启动时电枢回路必须串联启动变阻器？

5.2 直流发电机

5.2.1 实验目的

(1) 掌握用实验方法测定直流发电机的各种运行特性，并根据所测得的运行特性评定该被测电机的有关性能。

(2) 通过实验观察并励发电机的自励过程和自励条件。

5.2.2 预习要点

(1) 什么是发电机的运行特性？在求取直流发电机的特性曲线时，哪些物理量应保持不变，哪些物理量应测取？

(2) 做空载特性实验时，励磁电流为什么必须保持单方向调节？

(3) 并励发电机的自励条件有哪些？当发电机不能自励时应如何处理？

(4) 如何确定复励发电机是积复励还是差复励？

5.2.3 实验项目

1. 直流他励发电机实验

(1) 测空载特性：保持 $n=n_N$ 使 $I_L=0$，测取 $U_0=f(I_f)$。

(2) 测外特性：保持 $n=n_N$ 使 $I_f=I_{fN}$，测取 $U=f(I_L)$。

(3) 测调节特性：保持 $n=n_N$ 使 $U=U_N$，测取 $I_f=f(I_L)$。

2. 直流并励发电机实验

(1) 观察自励过程。

(2) 测外特性：保持 $n=n_N$ 使 $R_{f2}=$ 常数，测取 $U=f(I_L)$。

3. 直流复励发电机实验

积复励发电机外特性：保持 $n=n_N$ 使 $R_{f2}=$ 常数，测取 $U=f(I_L)$。

5.2.4 选用组件

1. 实验设备

实验设备见表 5.3。

表 5.3　　　　　　　　　　　　实验设备表

序号	名　称	数量	序号	名　称	数量
1	导轨、测速发电机及转速表	1	5	可调电阻器、电容器	1
2	校正直流测功机	1	6	波形测试及开关板	1
3	直流复励发电机	1	7	三相可调电阻器	1
4	直流数字电压、毫安、安培表	2			

2. 屏上挂件排列顺序

直流数字电压、毫安、安培表，可调电阻器、电容器，直流数字电压、毫安、安培表，三相可调电阻器，波形测试及开关板。

5.2.5 实验方法

1. 直流他励发电机实验

按图 5.3 接线，图中直流发电机 G 选用直流复励发电机，其额定值 $P_N=100W$，$U_N=$

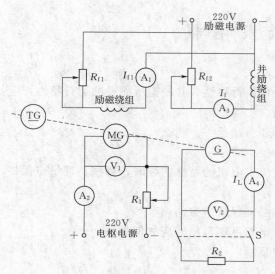

图 5.3 直流他励发电机接线图

200V，$I_N = 0.5A$，$n_N = 1600r/min$。校正直流测功机 MG 作为 G 的原动机（按他电动机接线）。MG、G 及 TG 由联轴器直接连接。开关 S 选用波形测试及开关板组件。R_{f1} 选用可调电阻器、电容器的 1800Ω 变阻器，R_{f2} 选用三相可调电阻器的 900Ω 变阻器，并采用分压器接法。R_1 选用可调电阻器、电容器的 180Ω 变阻器。R_2 为发电机的负载电阻，选用三相可调电阻器，采用串并联接法（900Ω 与 900Ω 电阻串联加上 900Ω 与 900Ω 并联），阻值为 2250Ω。当负载电流大于 0.4 A 时用并联部分，而将串联部分阻值调到最小并用导线短接。直流电流表、电压表选用直流数字电压、毫安、安培表，并选择合适的量程。

（1）测空载特性。

1）把发电机 G 的负载开关 S 打开，接通控制屏上的励磁电源开关，将 R_{f2} 调至使 G 励磁电流最小的位置。

2）使 MG 电枢串联启动电阻 R_1 阻值最大，R_{f1} 阻值最小。仍先接通控制屏下方左边的励磁电源开关，在观察到 MG 的励磁电流为最大的条件下，再接通控制屏下方右边的电枢电源开关，启动直流电动机 MG，其旋转方向应符合正向旋转的要求。

3）电动机 MG 启动正常运转后，将 MG 电枢串联电阻 R_1 调至最小值，将 MG 的电枢电源电压调为 220V，调节电动机磁场调节电阻 R_{f1}，使发电机转速达额定值，并在以后整个实验过程中始终保持此额定转速不变。

4）调节发电机励磁分压电阻 R_{f2}，使发电机空载电压达 $U_0 = 1.2U_N$ 为止。

5）在保持 $n = n_N = 1600r/min$ 条件下，从 $U_0 = 1.2U_N$ 开始，单方向调节分压器电阻 R_{f2} 使发电机励磁电流逐次减小，每次测取发电机的空载电压 U_0 和励磁电流 I_f，直至 $I_f = 0$（此时测得的电压即为电机的剩磁电压）。

6）测取数据时，$U_0 = U_N$ 和 $I_f = 0$ 两点必测，并在 $U_0 = U_N$ 附近测点应较密，共测 7～8 组，记录于表 5.4。

表 5.4 　　　　　　　　　　　数 据 记 录 表 　　　　　　　　　$n = n_N = 1600r/min$，$I_L = 0$

U_0/V								
I_f/mA								

（2）测外特性。

1）把发电机负载电阻 R_2 调到最大值，合上负载开关 S。

2）同时调节电动机的磁场调节电阻 R_{f1}、发电机的分压电阻 R_{f2} 和负载电阻 R_2 使发电机的 $I_L = I_N$，$U = U_N$，$n = n_N$，该点为发电机的额定运行点，其励磁电流称为额定励磁电流 I_{fN}，记录该组数据。

3）在保持 $n=n_N$ 和 $I_f=I_{fN}$ 不变的条件下，逐次增加负载电阻 R_2，即减小发电机负载电流 I_L，从额定负载到空载运行点范围内，每次测取发电机的电压 U 和电流 I_L，直到空载（断开开关 S，此时 $I_L=0$），共测 6～7 组，记录于表 5.5。

表 5.5	数 据 记 录 表 $n=n_N=$ ____ r/min, $I_f=I_{fN}=$ ____ mA						
U/V							
I_L/A							

（3）测调节特性。

1）调节发电机的分压电阻 R_{f2}，保持 $n=n_N$，使发电机空载达额定电压。

2）在保持发电机 $n=n_N$ 条件下，合上负载开关 S，调节负载电阻 R_2，逐次增加发电机输出电流 I_L，同时相应调节发电机励磁电流 I_f，使发电机端电压保持额定值（$U=U_N$）。

3）从发电机的空载至额定负载范围内，每次测取发电机的输出电流 I_L 和励磁电流 I_f，共测 5～6 组，记录于表 5.6。

表 5.6	数 据 记 录 表 $n=n_N=$ ____ r/min, $U=U_N=$ ____ V						
I_L/A							
I_f/mA							

2. 直流并励发电机实验

（1）观察自励过程。

1）先切断电枢电源，然后断开励磁电源使电机 MG 停机，同时将启动电阻调回最大值，磁场调节电阻调到最小值，为下次启动做好准备。在断电的条件下，将发电机 G 的励磁方式从他励改为并励，接线如图 5.4 所示。R_{f2} 选用三相可调电阻器的 900Ω 电阻两只相串联并调至最大阻值，打开开关 S。

2）先接通励磁电源，然后启动电枢电源，使电动机启动。调节电动机的转速，使发电机的转速 $n=n_N$，用直流电压表测量发电机是否有剩磁电压，若无剩磁电压，可将并励绕组改接成他励方式进行充磁。

3）合上开关 S 逐渐减小 R_{f2}，观察发电机电枢两端的电压，若电压逐渐上升，说明满足自励条件。如果不能自励建立电压，将励磁回路的两个插头对调即可。

4）对应着一定的励磁电阻，逐步降低发电机转速，使发电机电压随之下降，直至电压不能建立，此时的转速即为临界转速。

（2）测外特性。

1）按图 5.4 接线，调节负载电阻 R_2 到最大，合上负载开关 S。

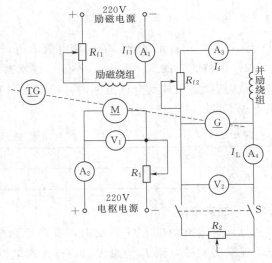

图 5.4 直流并励发电机接线图

2）调节电动机的磁场调节电阻 R_{f1}、发电机的磁场调节电阻 R_{f2} 和负载电阻 R_2，使发电机的转速、输出电压和电流三者均达额定值，即 $n＝n_N$，$U＝U_N$，$I_L＝I_N$。记录此时的励磁电流 I_f 值，即为额定励磁电流 I_{fN}。

3）保持额定值时的 R_{f2} 阻值及 $n＝n_N$ 不变，逐次减小负载，直至 $I_L＝0$，从额定负载到空载运行范围内，每次测取发电机的电压 U 和电流 I_L。共测 6～7 组数据，记录于表 5.7。

表 5.7	数 据 记 录 表					$n＝n_N＝$＿＿ r/min，$R_{f2}＝$常值		
U/V								
I_L/A								

3. 直流复励发电机实验

（1）积复励和差复励的判别。

1）按图 5.5 接线，R_{f2} 选用三相可调电阻器的 1800Ω 阻值。C_1、C_2 为串励绕组。

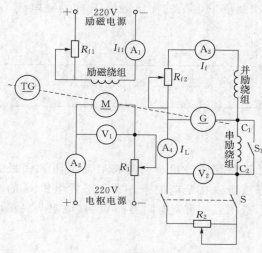

图 5.5　直流复励发电机接线图

2）合上开关 S_1 将串励绕组短接，使发电机处于并励状态运行，按上述并励发电机外特性实验方法，调节发电机输出电流 $I_L＝0.5I_N$。

3）打开短路开关 S_1，在保持发电机 n、R_{f2} 和 R_2 不变的条件下，观察发电机端电压的变化，若此时电压升高即为积复励，若电压降低则为差复励。

4）如果想改变励磁方式（积复励、差复励），只要对调串励绕组接线插头 C_1、C_2 即可。

（2）积复励发电机的外特性。

1）实验方法与测取并励发电机的外特性相同。先将发电机调到额定运行点，$n＝n_N$，$U＝U_N$，$I_L＝I_N$，记录此时的励磁电流 I_f 值，即为额定励磁电流 I_{fN}。

2）保持此时的 R_{f2} 和 $n＝n_N$ 不变，逐次减小发电机负载电流，直至 $I_L＝0$。

3）从额定负载到空载范围内，每次测取发电机的电压 U 和电流 I_L，共测 6～7 组，记录于表 5.8。

表 5.8	数 据 记 录 表					$n＝n_N＝$＿＿ r/min，$R_{f2}＝$常数		
U/V								
I_L/A								

5.2.6　注意事项

（1）直流电动机 MG 启动时，要注意须将 R_1 调到最大，R_{f1} 调到最小，先接通励磁电源，观察到励磁电流 I_{f1} 为最大后，再接通电枢电源，使 MG 启动运转。启动完毕，应将 R_1 调到最小。

（2）做外特性实验时，当电流超过 0.4A 时，R_2 中串联的电阻调至零并用导线短接，以免电流过大引起变阻器损坏。

5.2.7 实验报告

（1）根据空载实验数据，绘制空载特性曲线，由空载特性曲线计算出被试电机的饱和系数和剩磁电压的百分数。

（2）在同一坐标纸上绘制他励、并励和复励发电机的三条外特性曲线。分别算出三种励磁方式的电压变化率 $\Delta U\% = \dfrac{U_0 - U_N}{U_N} 100\%$，并分析差异原因。

（3）绘制他励发电机调整特性曲线，分析在发电机转速不变的条件下，负载增加时，要保持端电压不变，必须增加励磁电流的原因。

5.2.8 思考题

（1）并励发电机不能建立电压有哪些原因？

（2）在发电机-电动机组成的机组中，当发电机负载增加时，为什么机组的转速会变低？为了保持发电机的转速 $n = n_N$，应如何调节？

5.3 直流并励电动机

5.3.1 实验目的

（1）掌握用实验方法测取直流并励电动机的工作特性和机械特性。

（2）掌握直流并励电动机的调速方法。

5.3.2 预习要点

（1）什么是直流电动机的工作特性和机械特性？

（2）直流电动机调速原理是什么？

5.3.3 实验项目

1. 工作特性和机械特性

保持 $U=U_N$ 和 $I_f=I_{fN}$ 不变，测取 n、T_2、$\eta=f(I_a)$、$n=f(T_2)$。

2. 调速特性

（1）改变电枢电压调速。保持 $U=U_N$、$I_f=I_{fN}$＝常数、T_2＝常数，测取 $n=f(U_a)$。

（2）改变励磁电流调速。保持 $U=U_N$、T_2＝常数，测取 $n=f(I_f)$。

3. 能耗制动

观察能耗制动过程。

5.3.4 选用组件

1. 实验设备

实验设备见表 5.9。

表 5.9　　　　　　　　　　　实 验 设 备 表

序号	名　　称	数量	序号	名　　称	数量
1	导轨、测速发电机及转速表	1	5	三相可调电阻器	1
2	校正直流测功机	1	6	可调电阻器、电容器	1
3	直流并励电动机	1	7	波形测试及开关板	1
4	直流数字电压、毫安、安培表	2			

2. 屏上挂件排列顺序

直流数字电压、毫安、安培表，三相可调电阻器，波形测试及开关板，直流数字电压、毫安、安培表，可调电阻器、电容器。

5.3.5 实验方法

1. 直流并励电动机的工作特性和机械特性

（1）按图 5.6 接线。校正直流测功机 MG 按他励发电机连接，在此作为直流电动机 M 的负载，用于测量电动机的转矩和输出功率。R_{f1} 选用可调电阻器、电容器的 900Ω 阻值，按分压法接线，R_{f2} 选用三相可调电阻器的 900Ω 串联 900Ω 共 1800Ω 阻值，R_1 选用可调电阻器、电容器的 180Ω 阻值，R_2 选用三相可调电阻器的 900Ω 串联 900Ω 再加 900Ω 并联 900Ω 共 2250Ω 阻值。

（2）将直流并励电动机 M 的磁场调节电阻 R_{f1} 调至最小值，电枢串联启动电阻 R_1 调至最大值，接通控制屏下边右方的电枢电源开关使其启动，其旋转方向应符合转速表正向旋转的要求。

（3）M 启动正常后，将其电枢串联电阻 R_1 调至零，调节电枢电源的电压为 220V，调节校正直流测功机的励磁电流 I_{f2} 为校正值（100 mA），再调节其负载电阻 R_2 和电动机的磁场调节电阻 R_{f1}，使电动机达到额定值：$U=U_N$，$I=I_N$，$n=n_N$。此时 M 的励磁电流 I_f 即为额定励磁电流 I_{fN}。

（4）保持 $U=U_N$、$I_f=I_{fN}$、I_{f2} 为校正值不变的条件下，逐次减小电动机负载，测取电动机电枢输入电流 I_a，转速 n 和校正电机的负载电流 I_F（由校正曲线查出电动机输出对应转矩 T_2），共测 9～10 组，记录于表 5.10。

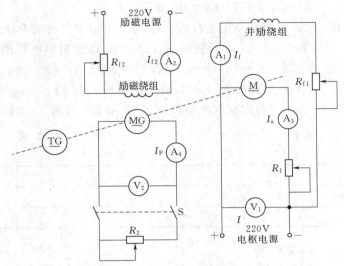

图 5.6　直流并励电动机接线图

表 5.10　　　　　　　　　　　　　数 据 记 录 表

$U=U_N=$ ＿＿＿ V，$I_f=I_{fN}=$ ＿＿＿ mA，$I_{f2}=100$mA

实验数据	I_a/A									
	$n/(\text{r/min})$									
	I_F/A									
	$T_2/(\text{N}\cdot\text{m})$									
计算数据	P_2/W									
	P_1/W									
	$\eta/\%$									
	$\Delta n/\%$									

2. 调速特性

（1）电枢绕组串电阻调速。

1）直流电动机 M 运行后，将电阻 R_1 调至零，I_{f2} 调至校正值，再调节负载电阻 R_2、电枢电压及磁场电阻 R_{f1}，使 M 的 $U=U_N$，$I_a=0.5I_N$，$I_f=I_{fN}$，记下此时 MG 的 I_F 值。

2）保持此时的 I_F 值（即 T_2 值）和 $I_f=I_{fN}$ 不变，逐次增加 R_1 的阻值，降低电枢两端的电压 U_a，使 R_1 从零调至最大值，每次测取电动机的端电压 U_a，转速 n 和电枢电流 I_a；共测 8～9 组，记录于表 5.11。

表 5.11　　　　　　　　　　　　　数 据 记 录 表

$I_f=I_{fN}=$ ＿＿＿ mA，$I_F=$ ＿＿＿ A（$T_2=$ ＿＿＿ N・m），$I_{f2}=100$mA

U_a/V									
$n/(\text{r/min})$									
I_a/A									

（2）改变励磁电流的调速。

1）直流电动机运行后，将 M 的电枢串联电阻 R_1 和磁场调节电阻 R_{f1} 调至零，将 MG 的磁场调节电阻 I_{f2} 调至校正值，再调节 M 的电枢电源调压旋钮和 MG 的负载，使电动机 M 的 $U=U_N$，$I_a=0.5I_N$，记下此时的 I_F 值。

2）保持此时 MG 的 I_F 值（T_2 值）和 M 的 $U=U_N$ 不变，逐次增加磁场电阻阻值，直至 $n=1.3n_N$，每次测取电动机的 n、I_f 和 I_a，共测 7～8 组，记录于表 5.12。

表 5.12   数 据 记 录 表

$U=U_N=$ ____ V，$I_F=$ ____ A（$T_2=$ ____ N·m），$I_{f2}=100\text{mA}$

$n/(\text{r/min})$								
I_f/mA								
I_a/A								

3. 能耗制动

（1）按图 5.7 接线，其中 R_1 选用可调电阻器、电容器上 90Ω 串 90Ω 共 180Ω 阻值，R_{f1} 选用可调电阻器、电容器上的 900Ω 串 900Ω 共 1800Ω 阻值，R_L 选用三相可调电阻器上 900Ω 串 900Ω 再加上 900Ω 并 900Ω 共 2250Ω 阻值。

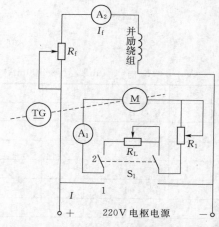

图 5.7　直流并励电动机能耗制动接线图

（2）把 M 的电枢串联启动电阻 R_1 调至最大，磁场调节电阻 R_f 调至最小位置。S_1 合向 1 端位置，然后合上控制屏下方右边的电枢电源开关，使电动机启动。

（3）运转正常后，将开关 S_1 合向中间位置，使电枢开路。由于电枢开路，电机处于自由停机，记录停机时间。

（4）将 R_1 调回最大位置，重复启动电动机，待运转正常后，把 S_1 合向 R_L 端，记录停机时间。

（5）选择 R_L 不同的阻值，观察对停机时间的影响（注意调节 R_1 及 R_L 不宜太小的阻值，以免产生太大的电流，损坏电机）。

5.3.6　实验报告

（1）由表 5.10 计算出 P_2 和 η，并给出 n、T_2、$\eta=f(I_a)$ 及 $n=f(T_2)$ 的特性曲线。

电动机输出功率为

$$P_2=0.105nT_2$$

式中：输出转矩 T_2 的单位为 N·m，由 I_{f2} 及 I_F 值，从校正曲线 $T_2=f(I_F)$ 查得；转速 n 的单位为 r/min。

电动机输入功率为

$$P_1=UI$$

输入电流为

$$I=I_a+I_{fN}$$

电动机效率为

$$\eta = \frac{P_2}{P_1} \times 100\%$$

由工作特性求出转速变化率为

$$\Delta n = \frac{n_0 - n_N}{n_N} \times 100\%$$

（2）绘制直流并励电动机调速特性曲线 $n = f(U_a)$ 和 $n = f(I_f)$。分析在恒转矩负载时两种调速的电枢电流变化规律以及两种调速方法的优缺点。

（3）能耗制动时间与制动电阻 R_L 的阻值有什么关系？为什么？该制动方法有什么缺点？

5.3.7　思考题

（1）直流并励电动机的速率特性 $n = f(I_a)$ 为什么是略微下降？是否会出现上翘现象？为什么？上翘的速率特性对电动机运行有何影响？

（2）当电动机的负载转矩和励磁电流不变时，减小电枢端电压，为什么会引起电动机转速降低？

（3）当电动机的负载转矩和电枢端电压不变时，减小励磁电流会引起转速的升高，为什么？

（4）直流并励电动机在负载运行中，当磁场回路断线时是否一定会出现"飞车"？为什么？

5.4 直流串励电动机

5.4.1 实验目的

（1）用实验方法测取直流串励电动机的工作特性和机械特性。

（2）了解直流串励电动机启动、调速及改变转向的方法。

5.4.2 预习要点

（1）串励电动机与并励电动机的工作特性有何差别。串励电动机的转速变化率是怎样定义的？

（2）串励电动机的调速方法及其注意问题。

5.4.3 实验项目

1. 工作特性和机械特性

在保持 $U=U_N$ 的条件下，测取 n、T_2、$\eta=f(I_a)$ 以及 $n=f(T_2)$。

2. 人为机械特性

保持 $U=U_N$ 和电枢回路串入电阻 $R_1=$ 常数的条件下，测取 $n=f(T_2)$。

3. 调速特性

（1）电枢回路串电阻调速。保持 $U=U_N$ 和 $T_2=$ 常数的条件下，测取 $n=f(U_a)$。

（2）磁场绕组并联电阻调速。保持 $U=U_N$、$T_2=$ 常数及 $R_1=0$ 的条件下，测取 $n=f(I_f)$。

5.4.4 选用组件

1. 实验设备

实验设备见表 5.13。

表 5.13 　　　　　　　　　　　　　**实 验 设 备 表**

序号	名　　称	数量	序号	名　　称	数量
1	导轨、测速发电机及转速表	1	5	三相可调电阻器 1	1
2	校正直流测功机	1	6	三相可调电阻器 2	1
3	直流串励电动机	1	7	波形测试及开关板	1
4	直流数字电压、毫安、安培表	2			

2. 屏上挂件排列顺序

直流数字电压、毫安、安培表，三相可调电阻器 1，波形测试及开关板，直流数字电压、毫安、安培表，三相可调电阻器 2。

5.4.5 实验方法

实验线路如图 5.8 所示，选用直流串励电动机 M 作主机，校正直流测功机 MG 作为电动机的负载，用于测量 M 的转矩，两者之间用联轴器直接连接。R_{f1} 也选用三相可调电阻器 1 的 180Ω 和 90Ω 串联共 270Ω 阻值，R_{f2} 选用三相可调电阻器 2 上 1800Ω 阻值，R_1 选用三相可调电阻器 1 的 180Ω 阻值，R_2 选用三相可调电阻器 2 上 900Ω 和 900Ω 串联再加上 900Ω 和 900Ω 并联共 2250Ω 阻值，直流电压表 V_1 选用控制屏上的电压指示，V_2、V_3 选用直流数字电压、毫安、安培表上的电压表，电流表选用直流数字电压、毫安、安培表。

1. 工作特性和机械特性

（1）由于串励电动机不允许空载启动，因此校正直流测功机 MG 先加他励电流 I_{f2} 为规定值，并接上一定的负载电阻 R_2，使电动机在启动过程中带上负载。

（2）调节直流串励电动机 M 的电枢串联启动电阻 R_1 及磁场分路电阻 R_{f1} 到最大值，打开磁场分路开关 S_1，合上控制屏上的电枢电源开关，启动 M，并观察转向是否正确。

（3）M 运转后，调节 R_1 至零，同时调节 MG 的负载电阻值 R_2，控制屏上的电枢电压调压旋钮，使 M 的电枢电压 $U_1=U_N$、$I=1.2I_N$。

（4）在保持 $U_1=U_N$、I_{f2} 为校正值的条件下，逐次减小负载（即增大 R_2）直至 $n<1.4n_N$，每次测取 I、n、I_F，共测 6～7 组，记录于表 5.14。

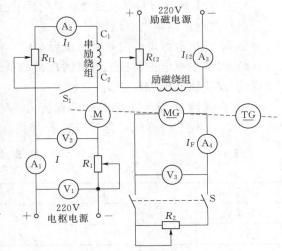

图 5.8　直流串励电动机接线图

（5）若要在实验中使串励电动机 M 停机，须将电枢串联启动电阻 R_1 调回到最大值，断开控制屏上电枢电源开关，使 M 失电而停止。

表 5.14　　　　数据记录表　　　$U_1=U_N=$____ V，$I_{f2}=$____ mA

实验数据	I/A						
	$n/(\text{r/min})$						
	I_F/A						
计算数据	$T_2/(\text{N}\cdot\text{m})$						
	P_2/W						
	$\eta/\%$						

2. 测取电枢串电阻后的人为机械特性

（1）保持 MG 的他励电流 I_{f2} 为校正值，调节负载电阻 R_2。断开直流串励电动机 M 的磁场分路开关 S_1，调节电枢串联启动电阻 R_1 到最大值，启动 M（若在上一步骤（1），实验中未使 M 停机，可跳过这步接着做）。

（2）调节串入 M 电枢的电阻 R_1、电枢电源的调压旋钮和校正电机 MG 的负载电阻 R_2，使控制屏的电枢电源电压等于额定电压（即 $U=U_N$）、电枢电流 $I=I_N$、转速 $n=0.8n_N$。

（3）保持此时的 R_1 不变和 $U=U_N$，逐次减小电动机的负载，直至 $n<1.4n_N$。每次测取 U_1、I、n、I_F，共测 6～7 组，记录于表 5.15。

表 5.15　　　　数据记录表

　　　　　　　$U=U_N=$____ V，$R_1=$常值，$I_{f2}=$____ mA

实验数据	I_F/A				
	$n/(\text{r/min})$				
	I/A				
查表	$T_2/(\text{N}\cdot\text{m})$				

3. 绘制串励电动机恒转矩两种调速的特性曲线

(1) 电枢回路串电阻调速。

1) 电动机电枢串电阻并带负载启动后，将 R_1 调至零，I_{f2} 调至校正值。S_1 断开。

2) 调节电枢电压和校正直流测功机的负载电阻，使 $U=U_N$，$I \approx I_N$，记录此时串励动机的 n、I 和电机 MG 的 I_F。

3) 在保持 $U=U_N$ 以及 T_2（即保持 I_F）不变的条件下，逐次增加 R_1 的阻值，每次测量 n、I、U_2，共测 6～8 组，记录于表 5.16。

表 5.16　　　　　　　　　　　　数 据 记 录 表

$U=U_N=$ _____ V, $I_{f2}=$ _____ mA, $I_F=$ _____ A

n/(r/min)							
I/A							
U_2/V							

(2) 磁场绕组并联电阻调速。

1) 接通电源前，打开开关 S_1，将 R_1 和 R_{f1} 调至最大值。

2) 电动机电枢串电阻并带负载启动后，调节 R_1 至零，合上开关 S_1。

3) 调节电枢电压和负载，使 $U=U_N$，$T_2=0.8T_N$。记录此时电动机的 n、I、I_{f1} 和校正直流测功机电枢电流 I_F。

4) 在保持 $U=U_N$ 及 I_F（即 T_2）不变的条件下，逐次减小 R_{f1} 的阻值（注意 R_{f1} 不能短接），直至 $n<1.4n_N$。每次测取 n、I、I_{f1}，共测 5～6 组，记录于表 5.17。

表 5.17　　　　　　　　　　　　数 据 记 录 表

$U=U_N=$ _____ V, $I_{f2}=$ _____ mA, $I_F=$ _____ A

n/(r/min)							
I/A							
I_{f1}/A							

5.4.6　实验报告

(1) 绘制直流串励电动机的工作特性曲线 n、T_2、$\eta=f(I_a)$。

(2) 在同一张坐标纸上绘制直流串励电动机的自然和人为机械特性。

(3) 绘制直流串励电动机恒转矩两种调速的特性曲线。试分析在 $U=U_N$ 和 T_2 不变条件下调速时电枢电流变化规律。比较两种调速方法的优缺点。

5.4.7　思考题

(1) 串励电动机为什么不允许空载和轻载启动？

(2) 磁场绕组并联电阻调速时，为什么不允许并联电阻调至零？

第6章 电机机械特性的测定

6.1 直流他励电动机在各种运行状态下的机械特性

6.1.1 实验目的

了解和测定直流他励电动机在各种运行状态下的机械特性。

6.1.2 预习要点

(1) 改变直流他励电动机机械特性有哪些方法？

(2) 在什么情况下，直流他励电动机从电动机运行状态进入回馈制动状态？直流他励电动机回馈制动时，能量传递关系、电动势平衡方程式及机械特性又是什么情况？

(3) 直流他励电动机反接制动时的能量传递关系、电动势平衡方程式及机械特性。

6.1.3 实验项目

(1) 电动及回馈制动状态下的机械特性。

(2) 电动及反接制动状态下的机械特性。

(3) 能耗制动状态下的机械特性。

6.1.4 选用组件

1. 实验设备

实验设备见表6.1。

表6.1　　　　　　　　　　　　　　　实 验 设 备 表

序号	名　　称	数量	序号	名　　称	数量
1	导轨、测速发电机及转速表	1	5	三相可调电阻器1	1
2	直流并励电动机	1	6	三相可调电阻器2	1
3	校正直流测功机	1	7	可调电阻器、电容器	1
4	直流数字电压、毫安、安培表	2	8	波形测试及开关板	1

2. 屏上挂件排列顺序

波形测试及开关板，直流数字电压、毫安、安培表，三相可调电阻器2，三相可调电阻器1，直流数字电压、毫安、安培表，可调电阻器、电容器。

6.1.5 实验方法

按图6.1接线，图中M用直流并励电动机（接成他励方式），MG用校正直流测功机，直流电压表 V_1、V_2 的量程为1000V，直流电流表 A_1、A_3 的量程为200mA，A_2、A_4 的量程为5A。R_1 选用可调电阻器、电容器上的1800Ω串联180Ω共1980Ω阻值，R_2 选用三相可调电阻器2上的900Ω并联900Ω共450Ω阻值，R_3 选用三相可调电阻器2上的1800Ω加上三相可调电阻器1上的180Ω共1980Ω阻值，R_4 选用三相可调电阻器2上的1800Ω加上三相可调电阻器1上的4个90Ω串联共2160Ω。开关 S_1、S_2 选用波形测试及开关板上的双刀双掷

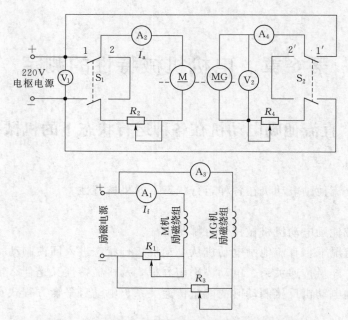

图 6.1 直流他励电动机机械特性测定的实验接线图

开关。

1. $R_2=0$ 时电动及回馈制动状态下的机械特性

（1）R_1 阻值置最小位置，R_2、R_3 及 R_4 阻值置最大位置，转速表置正向 1800r/min 量程。开关 S_1、S_2 选用波形测试及开关板挂箱上的对应开关，并将 S_1 合向 1 电源端，S_2 合向 2′ 短接端（图 6.1）。

（2）开机时，需检查控制屏下方左、右两边的励磁电源开关及电枢电源开关都须在断开的位置，然后按次序先开启控制屏上的电源总开关，再按下启动按钮，随后接通励磁电源开关，最后检查 R_2 阻值确在最大位置时接通电枢电源开关，使直流他励电动机 M 启动运转。调节电枢电源电压为 220V；调节 R_2 阻值至零位置，调节 R_3 阻值，使电流表 A_3 为 100mA。

（3）调节电动机 M 的磁场调节电阻 R_1 阻值和电机 MG 的负载电阻 R_4 阻值（先调节三相可调电阻器 2 上 1800Ω 阻值，调至最小后应用导线短接）。使电动机 M 的 $n=n_N=1600$r/min，$I_N=I_f+I_a=1.2$A。此时直流他励电动机的励磁电流 I_f 为额定励磁电流 I_{fN}。保持 $U=U_N=220$V，$I_f=I_{fN}$，校正直流测功机的励磁电流为校正值 100mA。增大 R_4 阻值，直至空载（将开关 S_2 拨至中间位置），测取电动机 M 在额定负载至空载范围的 n、I_a 数据，共测 8～9 组，记录于表 6.2。

表 6.2	数 据 记 录 表				$U_N=220$V，$I_{fN}=$____ mA			
序号								
I_a/A								
n/(r/min)								

（4）在确定 S_2 处于中间位置的情况下，把 R_4 调至零值位置（其中三相可调电阻器 2 上

1800Ω 阻值调至零值后用导线短接），再减小 R_3 阻值，使 MG 的空载电压与电枢电源电压值接近相等（在开关 S_2 两端测），并且极性相同，把开关 S_2 合向 $1'$ 端。

（5）保持电枢电源电压 $U=U_N=220V$，$I_f=I_{fN}$，调节 R_3 阻值，使阻值增加，电动机转速升高，当 A_2 表的电流值为 0 时，此时电动机转速为理想空载转速（此时转速表量程应打向正向 3600r/min 挡），继续增加 R_3 阻值，使电动机进入第二象限回馈制动状态运行直至转速约为 1900r/min，测取 M 的 n、I_a，共测 8～9 组，记录于表 6.3。

（6）停机（先关断电枢电源开关，再关断励磁电源开关，并将开关 S_2 合向 $2'$ 端）。

表 6.3	数据记录表					$U_N=220V$，$I_{fN}=$____mA			
序号									
I_a/A									
$n/(r/min)$									

2. $R_2=400\Omega$ 时电动及反接制动状态下的机械特性

（1）在确保断电条件下，用万用表将 R_2 调定在 400Ω。

（2）转速表 n 置正向 1800r/min 量程，S_1 合向 1 端，S_2 合向中间位置，把电动机 MG 电枢的两个插头对调，R_1 调至最小，R_3 调至最大。R_4 置最大值。

（3）先接通励磁电源，再接通电枢电源，使电动机 M 启动运转，在 S_2 两端测量测功机 MG 的空载电压是否和电枢电源的电压极性相反，若极性相反，检查 R_4 阻值确在最大位置时可把 S_2 合向 $1'$ 端。

（4）保持电动机的电枢电源电压 $U=U_N=220V$，$I_f=I_{fN}$ 不变，逐渐减小 R_4 阻值（先减小可调电阻器、电容器上 1800Ω 阻值，调至零值后用导线短接），使电机减速直至为零。把转速表的正、反开关打在反向位置，继续减小 R_4 阻值，使电动机进入反向旋转，转速在反方向上逐渐上升，此时电动机工作于电势反接制动状态，直至电动机 M 的 $I_a=I_{aN}$，测取电动机在第一、四象限的 n、I_a，共测 12 组，记录于表 6.4。

（5）停机（必须记住先关断电枢电源而后关断励磁电源的次序，并随手将 S_2 合向 $2'$ 端）。

表 6.4	数据记录表			$U_N=220V$，$I_{fN}=$____mA，$R_2=400\Omega$							
序号											
I_a/A											
$n/(r/min)$											

3. 能耗制动状态下的机械特性

（1）图 6.1 中，S_1 合向 2 短接端，R_1 置最大值位置，R_3 置最小值位置，R_2 调定 180Ω 阻值，S_2 合向 $1'$ 端。

（2）先接通励磁电源，再接通电枢电源，使校正直流测功机 MG 启动运转，调节电枢电源电压为 220V，调节 R_1 使电动机 M 的 $I_f=I_{fN}$，先减小 R_4 阻值，使电动机 M 的能耗制动电流 $I_a=0.8I_{aN}$，然后逐次增加 R_4 阻值，其间测取 M 的 I_a、n，共测 8～9 组，记录于表 6.5。

（3）把 R_2 调定在 90Ω 阻值，重复上述实验操作步骤（2）、（3），测取 M 的 I_a、n，共测 5～7 组，记录于表 6.6。

表 6.5　　　　　　　　　　　　数 据 记 录 表　　　　　　$R_2 = 180\Omega$，$I_{fN} = $ ____ mA

序号						
I_a/A						
$n/(\text{r/min})$						

表 6.6　　　　　　　　　　　　数 据 记 录 表　　　　　　$R_2 = 90\Omega$，$I_{fN} = $ ____ mA

序号						
I_a/A						
$n/(\text{r/min})$						

6.1.6　实验报告

根据实验数据，绘制直流他励电动机运行在第一、二、四象限的电动和制动状态及能耗制动状态下的机械特性 $n = f(I_a)$（用同一坐标纸绘制）。

6.1.7　思考题

(1) 回馈制动实验中，如何判别电动机运行在理想空载点？

(2) 直流电动机从第一象限运行到第二象限转子旋转方向不变，试问电磁转矩的方向是否也不变？为什么？

(3) 直流电动机从第一象限运行到第四象限，其转向反了，而电磁转矩方向不变，为什么？作为负载的 MG，从第一象限到第四象限其电磁转矩方向是否改变？为什么？

6.2 三相异步电动机在各种运行状态下的机械特性

6.2.1 实验目的

了解三相线绕式异步电动机在各种运行状态下的机械特性。

6.2.2 预习要点

(1) 如何利用现有设备测定三相线绕式异步电动机的机械特性?

(2) 测定各种运行状态下的机械特性应注意哪些问题?

(3) 如何根据所测出的数据计算被试电机在各种运行状态下的机械特性?

6.2.3 实验项目

(1) 测定三相线绕式转子异步电动机在 $R_s = 0$ 时,电动运行状态和再生发电制动状态下的机械特性。

(2) 测定三相线绕式转子异步电动机在 $R_s = 36\Omega$ 时,电动状态与反接制动状态下的机械特性。

(3) $R_s = 36\Omega$,定子绕组加直流励磁电流 $I_1 = 0.36A$ 及 $I_2 = 0.6A$ 时,分别测定能耗制动状态下的机械特性。

6.2.4 选用组件

1. 实验设备

实验设备见表 6.7。

表 6.7 　　　　　　　　　　　　　**实　验　设　备　表**

序号	名　　称	数量	序号	名　　称	数量
1	导轨、测速发电机及转速表	1	7	智能型功率、功率因数表	1
2	校正直流测功机	1	8	三相可调电阻器 1	1
3	三相线绕式异步电动机	1	9	三相可调电阻器 2	1
4	直流数字电压、毫安、安培表	2	10	可调电阻器、电容器	1
5	数/模交流电流表	1	11	波形测试及开关板	1
6	数/模交流电压表	1			

2. 屏上挂件排列顺序

数/模交流电压表,数/模交流电流表,智能型功率、功率因数表,波形测试及开关板,直流数字电压、毫安、安培表,可调电阻器、电容器,三相可调电阻器 2,三相可调电阻器 1,直流数字电压、毫安、安培表。

6.2.5 实验方法

1. $R_s = 0$ 时的反转性状态、电动状态及再生发电制动状态下的机械特性

(1) 按图 6.2 接线,图中 M 用三相线绕式异步电动机,$U_N = 220V$,Y 接法。MG 用校正直流测功机。S_1、S_2、S_3 选用波形测试及开关板挂箱上的对应开关,并将 S_1 合向左边 1 端,S_2 合在左边短接端(即线绕式电机转子短路),S_3 合在 $2'$ 位置。R_1 选用可调电阻器、电容器的 180Ω 阻值加上三相可调电阻器 2 上四只 900Ω 串联再加两只 900Ω 并联共 4230Ω 阻值,R_2 选用可调电阻器、电容器上 1800Ω 阻值,R_s 选用三相可调电阻器 1 上三组 45Ω 可调

电阻（每组为 90Ω 与 90Ω 并联），并用万用表调定在 36Ω 阻值，R_3 暂不接。直流电表 A_2、A_4 的量程为 5A，A_3 的量程为 200mA，V_2 的量程为 1000V；交流电表 V_1 的量程为 300V，A_1 的量程为 3A。转速表 n 置正向 1800r/min 量程。

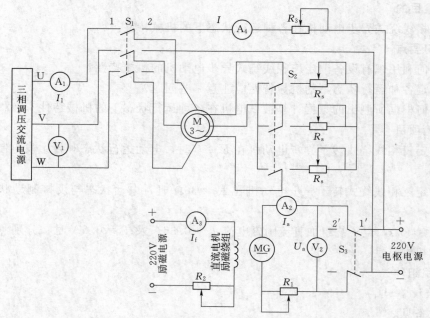

图 6.2　三相线绕式转子异步电动机机械特性的接线图

（2）确定 S_1 合在左边 1 端，S_2 合在左边短接端，S_3 合在 2′ 位置，M 的定子绕组接成星形的情况下。把 R_1、R_2 阻值置最大位置，将控制屏左侧三相调压器旋钮逆时针旋到底，即把输出电压调到零。

（3）检查控制屏下方直流电机电源的励磁电源开关及电枢电源开关都须在断开位置。接通三相调压电源总开关，按下"启动"按钮，旋转调压器旋钮使三相交流电压慢慢升高，观察电机转向是否符合要求。若符合要求，则升高到 $U=110V$，并在以后实验中保持不变。接通励磁电源，调节 R_2 阻值，使校正直流测功机的励磁电流为校正值 100mA 并保持不变。

（4）接通控制屏右下方的电枢电源开关，在开关 S_3 的 2′ 端测量校正直流测功机输出电压的极性，先使其极性与 S_3 开关 1′ 端的电枢电源相反。在 R_1 阻值为最大的条件下将 S_3 合向 1′ 位置。

（5）调节电枢电源输出电压或 R_1 阻值，使电动机 M 的转速下降，直至 n 为零。把转速表置反向位置，并把 R_1 的三相可调电阻器 2 上四个 900Ω 串联电阻调至零后用导线短接，继续减小 R_1 阻值或调高电枢电压使电机反向运转。直至 $n=-1300$r/min。然后增大电阻 R_1 或者减小校正直流测功机的电枢电压使电机从反转运行状态进入堵转然后进入电动运行状态，在该范围内测取电机 MG 的 U_a、I_a、n 及电动机 M 的交流电流表 A_1 的 I_1 值，将数据记录于表 6.8 对应的表格中。

当电动机接近空载而转速不能调高时，将 S_3 合向 2′ 位置，调换 MG 电枢极性（在开关 S_3 的两端换）使其与电枢电源同极性。调节电枢电源电压值使其与 MG 电压值接近相等，将 S_3 合至 $1'$ 端。减小 R_1 阻值直至短路位置（注：三相可调电阻器 2 上 6 只 900Ω 阻值调至短路后应用导线短接）。升高电枢电源电压或增大 R_2 阻值（减小电机 MG 的励磁电流）使电动机 M 的转速超过同步转速 n_0 而进入回馈制动状态，在 1700r/min 至空载转速范围内测取电机 MG 的 U_a、I_a、n 及电动机 M 的定子电流 I_1 值。将数据记录于表 6.8 对应的表格中。

（6）停机（先将 S_3 合至 $2'$ 端，关断电枢电源再关断励磁电源，将调压器调至零位，按下"停止"按钮）。

表 6.8　　　　　数 据 记 录 表　　　　$U=110\text{V}$，$R_s=0$，$I_f=$ ＿＿ mA

$n/(\text{r/min})$	1800	1700	1600	1500	1400	1300	1200	1100	1000	900	800
U_a/V											
I_a/A											
I_1/A											
$n/(\text{r/min})$	700	600	500	400	300	200	100	0	-100	-200	-300
U_a/V											
I_a/A											
I_1/A											
$n/(\text{r/min})$	-400	-500	-600	-700	-800	-900	-1000	-1100	-1200	-1300	-1400
U_a/V											
I_a/A											
I_1/A											

2. $R_s=36\Omega$ 时的反转性状态、电动状态及发电制动状态下的机械特性

将开关 S_2 合向右端，绕线式异步电动机转子每相串入 36Ω 电阻。重复 $R_s=0$ 时的实验步骤。记录对应的数据于表 6.9。

表 6.9　　　　　数 据 记 录 表　　　　$U=110\text{V}$，$R_s=36\Omega$，$I_f=$ ＿＿ mA

$n/(\text{r/min})$	1800	1700	1600	1500	1400	1300	1200	1100	1000	900	800
U_a/V											
I_a/A											
I_1/A											
$n/(\text{r/min})$	700	600	500	400	300	200	100	0	-100	-200	-300
U_a/V											
I_a/A											
I_1/A											
$n/(\text{r/min})$	-400	-500	-600	-700	-800	-900	-1000	-1100	-1200	-1300	-1400
U_a/V											
I_a/A											
I_1/A											

3. 能耗制动状态下的机械特性

（1）确认在停机状态下，把开关 S_1 合向右边 2 端，S_2 合向右端（R_s 仍保持 36Ω 不变），S_3 合向左边 $2'$ 端，R_1 用可调电阻器、电容器上 180Ω 阻值并调至最大，R_2 用三相可调电阻器 2 上 1800Ω 阻值并调至最大，R_3 用三相可调电阻器 2 上 900Ω 与 900Ω 并联再加上 900Ω 与 900Ω 并联共 900Ω 阻值并调至最大。

（2）开启励磁电源，调节 R_2 阻值，使 A_3 表 $I_f=100\text{mA}$，开启电枢电源，调节电枢电源的输出电压 $U=220\text{V}$，再调节 R_3 使电动机 M 的定子绕组流过的励磁电流 $I=0.6I_N=0.36\text{A}$ 并保持不变。

（3）在 R_1 阻值为最大的条件下，把开关 S_3 合向右边 $1'$ 端，减小 R_1 阻值，使电机 MG 启动运转后转速约为 1600r/min，增大 R_1 阻值或减小电枢电源电压（但要保持 A_4 表的电流 I 不变）使电机转速下降，直至转速 n 约为 50r/min，其间测取电机 MG 的 U_a、I_a 及 n 值，共测 10～11 组，记录于表 6.10。

（4）停机（先将 S_3 合至 $2'$ 端，关断电枢电源再关断励磁电源，将调压器调至零位，按下"停止"按钮）。

（5）调节 R_3 阻值，使电动机 M 的定子绕组流过的励磁电流 $I=I_N=0.6\text{A}$。重复上述操作步骤，测取电机 MG 的 U_a、I_a 及 n 值，共测 10～11 组，记录于表 6.11。

表 6.10　　　　　　　　数 据 记 录 表　　　　$R_s=36\Omega$，$I=0.36\text{A}$，$I_f=$____ mA

$n/(\text{r/min})$	1700	1600	1500	1400	1300	1200	1100	1000	900
U_a/V									
I_a/A									
$n/(\text{r/min})$	800	700	600	500	400	300	200	100	0
U_a/V									
I_a/A									

表 6.11　　　　　　　　数 据 记 录 表　　　　$R_s=36\Omega$，$I=0.6\text{A}$，$I_f=$____ mA

$n/(\text{r/min})$	1700	1600	1500	1400	1300	1200	1100	1000	900
U_a/V									
I_a/A									
$n/(\text{r/min})$	800	700	600	500	400	300	200	100	0
U_a/V									
I_a/A									

4. 绘制电机 M－MG 机组的空载损耗曲线 $P_0=f(n)$

开关 S_1、S_2 调至中间位置，开启励磁电源，调节 R_2 阻值，使 A_3 表 $I_f=100\text{mA}$，检查 R_1 阻值在最大位置时开启电枢电源，使电机 MG 启动运转，减小 R_1 阻值及调高电枢电源输出电压，使电机转速约为 1700r/min，逐次增大 R_1 阻值或减小电枢电源输出电压，使电机转速下降直至 $n=100\text{r/min}$，其间测量电机 MG 的 U_{a0}、I_{a0} 及 n 值，将数据记录于表 6.12。

表 6.12   数 据 记 录 表 $I_f = 100\text{mA}$

$n/(\text{r/min})$	1700	1600	1500	1400	1300	1200	1100	1000	900
U_{a0}/V									
I_{a0}/A									
P_{a0}/W									
$n/(\text{r/min})$	800	700	600	500	400	300	200	100	0
U_{a0}/V									
I_{a0}/A									
P_{a0}/W									

6.2.6 注意事项

调节串联的可调电阻时，要根据电流值的大小相应选择调节不同电流值的电阻，防止个别电阻器过电流而烧坏。

6.2.7 实验报告

（1）根据实验数据绘制各种运行状态下的机械特性。

计算公式为

$$T = \frac{9.55}{n}\left[P_0 - (U_a I_a - I_a^2 R_a)\right]$$

式中：T 为受试异步电动机 M 的输出转矩，N·m；U_a 为测功机 MG 的电枢端电压，V；I_a 为测功机 MG 的电枢电流，A；R_a 为测功机 MG 的电枢电阻，Ω，可由实验室提供；P_0 为对应某转速 n 时的某空载损耗，W。

注：上式计算的 T 值为电机在 $U=110\text{V}$ 时的 T 值，实际的转矩值应折算为额定电压时的异步电动机转矩。

（2）绘制电机 M-MG 机组的空载损耗曲线 $P_0 = f(n)$。

6.3　三相异步电动机 T-s 曲线测绘

6.3.1　实验目的

了解三相异步电动机的输出转矩特性。

6.3.2　预习要点

(1) 如何利用现有设备测定三相线绕式异步电动机的输出转矩特性？

(2) 如何根据所测出的数据计算被试电机的输出转矩特性？

6.3.3　实验项目

(1) 测定三相鼠笼异步电动机的 T-s 曲线。

(2) 测定三相线绕式异步电动机在 $R_s = 0$ 时的 T-s 曲线。

6.3.4　选用组件

1. 实验设备

实验设备见表 6.13。

表 6.13　　　　　　　　　　　实 验 设 备 表

序号	名　称	数量	序号	名　称	数量
1	导轨、测速发电机及转速表	1	7	数/模交流电压表	1
2	校正直流测功机	1	8	智能型功率、功率因数表	1
3	三相鼠笼异步电动机	1	9	三相可调电阻器	1
4	三相线绕式异步电动机	1	10	可调电阻器、电容器	1
5	直流数字电压、毫安、安培表	1	11	波形测试及开关板	1
6	数/模交流电流表	1			

2. 屏上挂件排列顺序

数/模交流电压表，数/模交流电流表，智能型功率、功率因数表，波形测试及开关板，直流数字电压、毫安、安培表，可调电阻器、电容器，三相可调电阻器。

6.3.5　实验方法

1. 三相鼠笼异步电动机与校正直流测功机空载损耗的测定

(1) 参考实验 5.1 测直流电机 MG 电枢电阻 $R_a =$ _____ Ω。

(2) 按图 6.3 接线，图中 M 用三相鼠笼异步电动机，额定电压 220V，△接法。MG 用

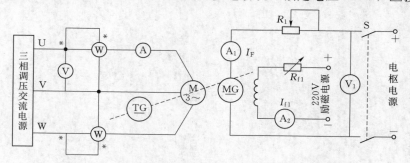

图 6.3　三相鼠笼异步电动机 T-s 曲线测绘接线图

校正直流测功机。S 选用波形测试及开关板挂箱上的对应开关，并将 S 断开，R_1 选用可调电阻器、电容器的 180Ω 阻值加上三相可调电阻器上四只 900Ω 串联再加两只 900Ω 并联共 4230Ω 阻值，R_{f1} 选用可调电阻器、电容器上 1800Ω 阻值。

（3）三相鼠笼异步电动机与校正直流测功机同轴连接。将 R_{f1} 调至最小位置，R_1 调至最大位置。先开启励磁电源，然后接通电枢电源，使电机 MG 启动运转。调高电枢电源输出电压至 220V 及调节 R_{f1} 的阻值，使电机转速为 1500r/min，逐次减小电枢电源输出电压或增大 R_1 阻值，使电机转速下降直至为零，其间测量电机每间隔 100r/min MG 的 U_{a0}、I_{a0} 及 n 值，共测 16 组，记录于表 6.14。

表 6.14　　　　　　　　　　　数 据 记 录 表

序号	1	2	3	4	5	6	7	8
$n/(\text{r/min})$	1500	1400	1300	1200	1100	1000	900	800
U_{a0}/V								
I_{a0}/A								
P_0/W								
序号	9	10	11	12	13	14	15	16
$n/(\text{r/min})$	700	600	500	400	300	200	100	0
U_{a0}/V								
I_{a0}/A								
P_0/W								

2. 三相鼠笼异步电动机 $T-s$ 曲线的测绘

（1）S 断开，三相鼠笼异步电动机的定子绕组接成三角形，把 R_1、R_{f1} 阻值置最大位置，将控制屏左侧三相调压器旋钮逆时针旋到底，即把输出电压调到零。

（2）检查控制屏下方直流电机电源的励磁电源开关及电枢电源开关都须在断开位置。接通三相调压电源总开关，按下"启动"按钮，旋转调压器旋钮使三相交流电压慢慢升高，观察电机转向是否符合要求。若符合要求，则升高到 $U=127\text{V}$，并在以后实验中保持不变。

（3）接通励磁电源。接通控制屏右下方的电枢电源开关，在开关 S 的下端测量电机 MG 输出电压的极性，先使其极性与 S 开关右端的电枢电源相反。在 R_1 阻值为最大的条件下将 S 闭合。

（4）调节电枢电源输出电压或 R_1 阻值，使电动机从接近于堵转到接近于空载状态；当电动机接近空载而转速不能调高时，将 S 断开，调换 MG 电枢极性（在开关 S 的两端换）使其与电枢电源同极性。调节电枢电源电压值使其与 MG 电压值接近相等，将 S 闭合。保持 M 端三相交流电压 $U=127\text{V}$，减小 R_1 阻值直至短路位置（注：三相可调电阻器上 6 只 900Ω 电阻调至短路后应用导线短接）。升高电枢电源电压使电动机 M 的转速达同步转速 n_0，在 0～1500r/min 范围内测取电机 MG 的 U_a、I_a、n 等值，共测 16 组，记录于表 6.15。

表 6.15　　　　　　　　　　　　　　**数 据 记 录 表**　　　　　　　　　　　$U=127\text{V}$

序号	1	2	3	4	5	6	7	8
$n/(\text{r/min})$	0	100	200	300	400	500	600	700
s								
U_a/V								
I_a/A								
$T/(\text{N}\cdot\text{m})$								
序号	9	10	11	12	13	14	15	16
$n/(\text{r/min})$	800	900	1000	1100	1200	1300	1400	1500
s								
U_a/V								
I_a/A								
$T/(\text{N}\cdot\text{m})$								

3. 三相线绕式异步电动机与直流测功机空载损耗的测定

（1）按图 6.4 接线，图中 M 用三相线绕式异步电动机，额定电压 220V，Y 接法。MG 用校正直流测功机。线绕式电机转子短路，开关 S 选用波形测试及开关板挂箱上的对应开关，R_1 选用可调电阻器、电容器的 180Ω 阻值加上三相可调电阻器上四只 900Ω 串联再加两只 900Ω 并联共 4230Ω 阻值，R_{f1} 选用可调电阻器、电容器上 1800Ω 阻值。

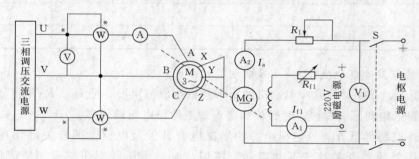

图 6.4　三相线绕式异步电动机 $T\text{-}s$ 曲线测绘接线图

（2）三相线绕式异步电动机与校正直流测功机导轨同轴连接。将电阻 R_{f1} 调至最大位置。开启励磁电源，检查 R_1 阻值在最大位置时开启电枢电源，使电机 MG 启动运转，调高电枢电源输出电压及减小 R_1 阻值，使电机转速为 1500r/min，逐次减小电枢电源输出电压或增大 R_1 阻值，使电机转速下降直至为零，其间测量电机每间隔 100r/min MG 的 U_{a0}、I_{a0} 及 n 值，共测 16 组，记录于表 6.16。

表 6.16　　　　　　　　　　　　　　**数 据 记 录 表**

序号	17	18	19	20	21	22	23	24
$n/(\text{r/min})$	1500	1400	1300	1200	1100	1000	900	800
U_{a0}/V								
I_{a0}/A								
P_0/W								

续表

序号	25	26	27	28	29	30	31	32
$n/(\text{r/min})$	700	600	500	400	300	200	100	0
U_{a0}/V								
I_{a0}/A								
P_0/W								

（3）S 断开，M 的定子绕组接成星形，把 R_1、R_{f1} 阻值置最大位置，将控制屏左侧三相调压器旋钮逆时针旋到底，即把输出电压调到零。

（4）检查控制屏下方直流电机电源的励磁电源开关及电枢电源开关都须在断开位置。接通三相调压电源总开关，按下"启动"按钮，旋转调压器旋钮使三相交流电压慢慢升高，观察电机转向是否符合要求。若符合要求，则升高到 $U=127\text{V}$，并在以后实验中保持不变。

（5）先接通励磁电源，然后接通控制屏右下方的电枢电源开关，在开关 S 的左端测量电机 MG 输出电压的极性，先使其极性与 S 开关右端的电枢电源相反。在 R_1 阻值为最大的条件下将 S 闭合。

（6）调节电枢电源输出电压或 R_1 阻值，使电动机从接近于堵转到接近于空载状态；当电动机接近空载而转速不能调高时，将 S 合向左端位置，调换 MG 电枢极性（在开关 S 的两端换）使其与电枢电源同极性。调节电枢电源电压值使其与 MG 电压值接近相等，将 S 闭合。保持 M 端三相交流电压 $U=127\text{V}$，减小 R_1 阻值直至短路位置（注：三相可调电阻器上 6 只 900Ω 电阻调至短路后应用导线短接）。升高电枢电源电压使电动机 M 的转速达同步转速 n_0，在 $0\sim1500\text{r/min}$ 范围内测取电机 MG 的 U_a、I_a、n 等值，共测 16 组，记录于表 6.17。

表 6.17 　　　　　　　　　　数 据 记 录 表　　　　　　　　$U=127\text{V}$，$R_s=0\Omega$

序号	1	2	3	4	5	6	7	8
$n/(\text{r/min})$	0	100	200	300	400	500	600	700
s								
U_a/V								
I_a/A								
$T/(\text{N·m})$								
序号	9	10	11	12	13	14	15	16
$n/(\text{r/min})$	800	900	1000	1100	1200	1300	1400	1500
s								
U_a/V								
I_a/A								
$T/(\text{N·m})$								

6.3.6 注意事项

调节串联的可调电阻时，要根据电流值的大小相应选择调节不同电流值的电阻，防止个别电阻器过电流而烧坏。

6.3.7　实验报告

（1）根据实验数据绘制三相鼠笼异步电动机与三相线绕式异步电动机的 $T \text{-} s$ 曲线。

计算公式为

$$T = \frac{9.55}{n_0(1-s)}[P_0 - (U_a I_a - I_a^2 R_a)] \times 3$$

式中：T 为受试异步电动机 M 的输出转矩，N·m；U_a 为测功机 MG 的电枢端电压，V；I_a 为测功机 MG 的电枢电流，A；R_a 为测功机 MG 的电枢电阻，Ω；P_0 为对应某转速 n 时的空载损耗，W。

注：上式计算的 T 值为电机在 $U = 220\text{V}$ 时的 T 值，由 $U = 127\text{V}$ 时的转矩值折算。

（2）绘制电机机组的空载损耗曲线 $P_0 = f(n)$。

第7章　电力拖动继电接触控制

7.1　三相异步电动机点动和自锁控制线路

7.1.1　实验目的

（1）通过对三相异步电动机点动控制和自锁控制线路的实际安装接线，掌握由电气原理图变换成安装接线图的知识。

（2）通过实验进一步加深理解点动控制和自锁控制的特点以及在机床控制中的应用。

7.1.2　选用组件

1. 实验设备

实验设备见表7.1。

表 7.1　　　　　　　　　　　　实 验 设 备 表

序号	名　　称	数量	序号	名　　称	数量
1	三相鼠笼异步电动机（△/220V）	1	3	继电接触控制挂箱（二）	1
2	继电接触控制挂箱（一）	1			

2. 屏上挂件排列顺序

继电接触控制挂箱（一），继电接触控制挂箱（二）。

注：若无继电接触控制挂箱（二），图中的 Q_1 和 FU 可用控制屏上的接触器和熔断器代替，学生可从 U、V、W 端子开始接线。以后都可如此接线。

7.1.3　实验方法

实验前要检查控制屏左侧端面上的调压器旋钮须在零位，下面直流电机电源的电枢电源开关及励磁电源开关须在关断位置。开启电源总开关，按下"启动"按钮，旋转控制屏左侧调压器旋钮将三相交流电源输出端 U、V、W 的线电压调到 220V。再按下控制屏上的"停止"按钮以切断三相交流电源。以后在实验接线之前都应如此。

1. 三相异步电动机点动控制线路

按图 7.1 接线，图中 SB_1、KM_1 选用继电接触控制挂箱（一）上元器件，Q_1、FU_1、FU_2、FU_3、FU_4 选用继电接触控制挂箱（二）上元器件，电机选用三相鼠笼异步电动机（△/220V）。接线时，先接主电路，它是从 220V 三相交流电源的输出端 U、V、W 开始，经三刀

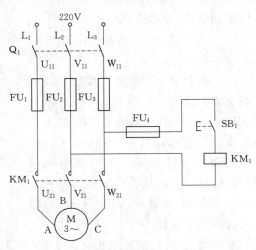

图 7.1　点动控制线路

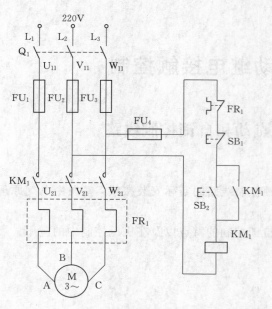

图 7.2　自锁控制线路

开关 Q_1，熔断器 FU_1、FU_2、FU_3，接触器 KM_1 主触点到电动机 M 的三个线端 A、B、C 的电路，用导线按顺序串联起来，有三路。主电路经检查无误后，再接控制电路，从熔断器 FU_4 插孔 W 开始，经按钮 SB_1 常开、接触器 KM_1 线圈到插孔 V。线接好经查无误后，按下列步骤进行实验：

（1）按下控制屏上"启动"按钮。

（2）先合上 Q_1，接通三相交流 220V 电源。

（3）按下启动按钮 SB_1，对电动机 M 进行点动操作，比较按下 SB_1 和松开 SB_1 时电动机 M 的运转情况。

2. 三相异步电动机自锁控制线路

按下控制屏上的"停止"按钮以切断三相交流电源后，按图 7.2 接线，图中 SB_1、SB_2、KM_1、FR_1 选用继电接触控制挂箱（二）挂件，电机选用三相

（一）挂件，Q_1、FU_1、FU_2、FU_3、FU_4 选用继电接触控制挂箱（二）挂件，电机选用三相鼠笼异步电动机（△/220V）。

检查无误后，启动电源进行实验：

（1）合上开关 Q_1，接通三相交流 220V 电源。

（2）按下启动按钮 SB_2，松手后观察电动机 M 的运转情况。

（3）按下停止按钮 SB_1，松手后观察电动机 M 的运转情况。

3. 三相异步电动机既可点动又可自锁控制线路

按下控制屏上"停止"按钮切断三相交流电源后，按图 7.3 接线，图中 SB_1、SB_2、SB_3、KM_1、FR_1 选用继电接触控制挂箱（一）挂件，Q_1、FU_1、FU_2、FU_3、FU_4 选用继电接触控制挂箱（二）挂件，电机选用三相鼠笼异步电动机（△/220V），检查无误后通电实验。

（1）合上 Q_1，接通三相交流 220V 电源。

（2）按下"启动"按钮 SB_2，松手后观察电动机 M 是否继续运转。

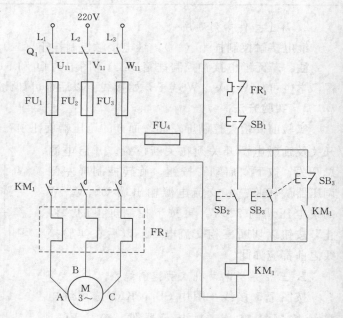

图 7.3　既可点动又可自锁控制线路

（3）运转 30s 后按下 SB$_3$，然后松开，观察电动机 M 是否停转；连续按下和松开 SB$_3$，观察此时属于什么控制状态。

（4）按下停止按钮 SB$_1$，松手后观察电动机 M 是否停转。

7.1.4 思考题

（1）试分析什么叫点动，什么叫自锁，并比较图 7.1 和图 7.2 在结构和功能上有什么区别。

（2）图中各个电器如 Q$_1$、FU$_1$、FU$_2$、FU$_3$、FU$_4$、KM$_1$、FR、SB$_1$、SB$_2$、SB$_3$ 各起什么作用？已经使用了熔断器为何还要使用热继电器？已经有了开关 Q$_1$ 为何还要使用接触器 KM$_1$？

（3）图 7.2 电路能否对电动机实现过电流、短路、欠电压和失电压保护？

（4）画出图 7.1～图 7.3 的工作原理流程图。

7.2　三相异步电动机正反转控制线路

7.2.1　实验目的

（1）通过对三相异步电动机正反转控制线路的接线，掌握由电路原理图接成实际操作电路的方法。

（2）掌握三相异步电动机正反转的原理和方法。

（3）掌握倒顺开关正反转控制、接触器联锁正反转控制、按钮联锁正反转控制及按钮和接触器双重联锁正反转控制线路的不同接法，并熟悉在操作过程中有哪些不同之处。

7.2.2　选用组件

1. 实验设备

实验设备见表 7.2。

表 7.2　　　　　　　　　　　　　实 验 设 备 表

序号	名　称	数量	序号	名　称	数量
1	三相鼠笼异步电动机（△/220V）	1	3	继电接触控制挂箱（二）	1
2	继电接触控制挂箱（一）	1			

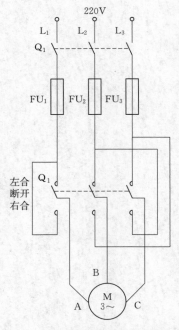

图 7.4　倒顺开关正反转控制线路

2. 屏上挂件排列顺序

继电接触控制挂箱（一），继电接触控制挂箱（二）。

7.2.3　实验方法

1. 倒顺开关正反转控制线路

（1）旋转控制屏左侧调压器旋钮将三相调压电源 U、V、W 输出线电压调到 220V，按下"停止"按钮切断交流电源。

（2）按图 7.4 接线，图中 Q_1（用以模拟倒顺开关）、FU_1、FU_2、FU_3 选用继电接触控制挂箱（二）挂件，电机选用三相鼠笼异步电动机（△/220V）。

（3）启动电源后，把开关 Q_1 合向"左合"位置，观察电动机转向。

（4）运转 30s 后，把开关 Q_1 合向"断开"位置后，再扳向"右合"位置，观察电动机转向。

2. 接触器联锁正反转控制线路

（1）按下"停止"按钮切断交流电源。按图 7.5 接线，图中 SB_1、SB_2、SB_3、KM_1、KM_2、FR_1 选用继电接触控制挂箱（一）挂件，Q_1、FU_1、FU_2、FU_3、FU_4 选用继电接触控制挂箱（二）挂件，电机选用三相鼠笼异步电动机（△/220V）。经检查无误后，按下"启动"按钮通电操作。

（2）合上电源开关 Q_1，接通 220V 三相交流电源。

（3）按下 SB_1，观察并记录电动机 M 的转向、接触器自锁和联锁触点的吸断情况。

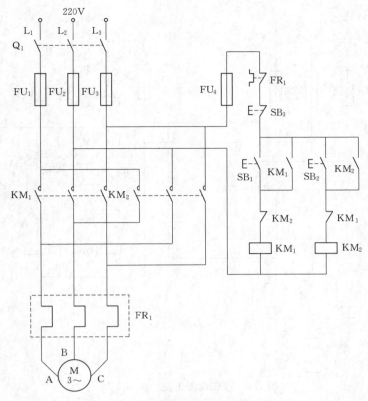

图 7.5 接触器联锁正反转控制线路

(4) 按下 SB_3,观察并记录电动机 M 的运转状态、接触器各触点的吸断情况。

(5) 按下 SB_2,观察并记录电动机 M 的转向、接触器自锁和联锁触点的吸断情况。

3. 按钮联锁正反转控制线路

(1) 按下"停止"按钮切断交流电源。按图 7.6 接线,图中 SB_1、SB_2、SB_3、KM_1、KM_2、FR_1 选用继电接触控制挂箱(一)挂件,Q_1、FU_1、FU_2、FU_3、FU_4 选用继电接触控制挂箱(二)挂件,电机选用三相鼠笼异步电动机($\triangle/220V$)。经检查无误后,按下"启动"按钮通电操作。

(2) 合上电源开关 Q_1,接通 220V 三相交流电源。

(3) 按下 SB_1,观察并记录电动机 M 的转向、各触点的吸断情况。

(4) 按下 SB_3,观察并记录电动机 M 的转向、各触点的吸断情况。

(5) 按下 SB_2,观察并记录电动机 M 的转向、各触点的吸断情况。

4. 按钮和接触器双重联锁正反转控制线路

(1) 按下"停止"按钮切断三相交流电源。按图 7.7 接线,图中 SB_1、SB_2、SB_3、KM_1、KM_2、FR_1 选用继电接触控制挂箱(一)挂件,FU_1、FU_2、FU_3、FU_4、Q_1 选用继电接触控制挂箱(二)挂件,电机选用三相鼠笼异步电动机($\triangle/220V$)。经检查无误后,按下"启动"按钮通电操作。

(2) 合上电源开关 Q_1,接通 220V 三相交流电源。

(3) 按下 SB_1,观察并记录电动机 M 的转向、各触点的吸断情况。

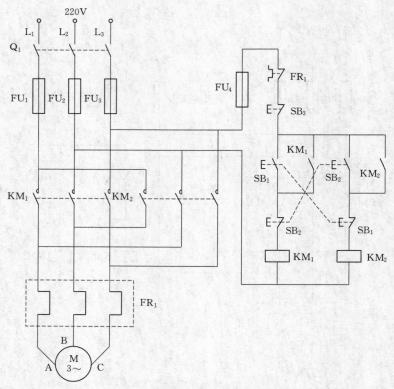

图 7.6　按钮联锁正反转控制线路

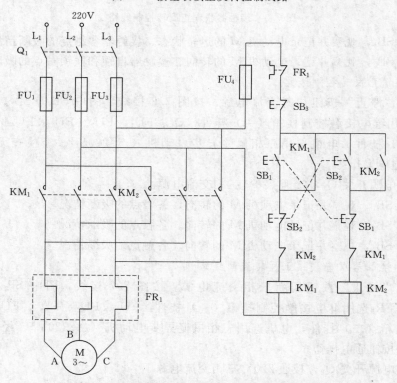

图 7.7　按钮和接触器双重联锁正反转控制线路

（4）按下 SB_2，观察并记录电动机 M 的转向、各触点的吸断情况。

（5）按下 SB_3，观察并记录电动机 M 的转向、各触点的吸断情况。

7.2.4 思考题

（1）在图 7.4 中，欲使电机反转为什么要把手柄扳到"停止"使电动机 M 停转后，才能扳向"反转"使之反转，若直接扳至"反转"会造成什么后果？

（2）试分析图 7.4～图 7.7 各有什么特点，并画出运行原理流程图。

（3）图 7.5、图 7.6 虽然也能实现电动机正反转直接控制，但容易产生什么故障，为什么？图 7.7 与图 7.5 和图 7.6 相比有什么优点？

（4）接触器和按钮的联锁触点在继电接触控制中起到什么作用？

7.3　顺序控制线路

7.3.1　实验目的

（1）通过各种不同顺序控制的接线，加深对一些特殊要求机床控制线路的了解。

（2）进一步加深学生的动手能力和理解能力，使理论知识和实际经验进行有效结合。

7.3.2　选用部件

1. 实验设备

实验设备见表 7.3。

表 7.3　　　　　　　　　　　实 验 设 备 表

序号	名　　称	数量	序号	名　　称	数量
1	三相鼠笼异步电动机 1（△/220V）	1	3	继电接触控制挂箱（一）	1
2	三相鼠笼异步电动机 2（△/220V）	1	4	继电接触控制挂箱（二）	1

2. 屏上挂件排列顺序

继电接触控制挂箱（一），继电接触控制挂箱（二）。

7.3.3　实验方法

1. 三相异步电动机启动顺序控制（一）

按图 7.8 接线，图中 SB_1、SB_2、SB_3、KM_1、KM_2、FR_1 选用继电接触控制挂箱（一）挂件，FU_1、FU_2、FU_3、FU_4、Q_1、FR_2 选用继电接触控制挂箱（二）挂件，M_1 选用三相鼠笼异步电动机 1（△/220V），M_2 选用三相鼠笼异步电动机 2（△/220V）。

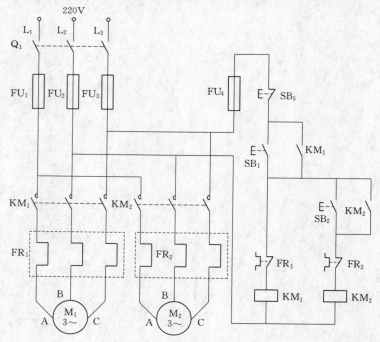

图 7.8　启动顺序控制（一）

（1）按下"启动"按钮，合上开关 Q_1，接通 220V 三相交流电源。

（2）按下 SB_1，观察电动机运行状态及接触器吸合情况。

（3）保持 M_1 运转时按下 SB_2，观察电动机运行状态及接触器吸合情况。

（4）在 M_1 和 M_2 都运转时，试想能不能单独停止 M_2。

（5）按下 SB_3 使电动机停转后，先按 SB_2，分析电动机 M_2 为什么不能启动。

2. 三相异步电动机启动顺序控制（二）

按图 7.9 接线，图中 SB_1、SB_2、SB_3、FR_1、KM_1、KM_2 选用继电接触控制挂箱（一）挂件，Q_1、FU_1、FU_2、FU_3、FU_4、SB_4、FR_2 选用继电接触控制挂箱（二）挂件，M_1 选用三相鼠笼异步电动机 1（△/220V），M_2 选用三相鼠笼异步电动机 2（△/220V）。

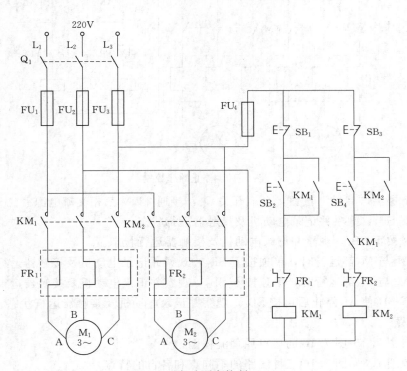

图 7.9 启动顺序控制（二）

（1）按下屏上"启动"按钮，合上开关 Q_1，接通 220V 三相交流电源。

（2）按下 SB_2，观察并记录电动机及接触器运行状态。

（3）按下 SB_4，观察并记录电动机及接触器运行状态。

（4）单独按下 SB_3，观察并记录电动机及接触器运行状态。

（5）在 M_1 与 M_2 都运行时，按下 SB_1，观察电动机及接触器运行状态。

3. 三相异步电动机停止顺序控制

确保断电后，按图 7.10 接线，图中 SB_1、SB_2、SB_3、FR_1、KM_1、KM_2 选用继电接触控制挂箱（一）挂件，Q_1、FU_1、FU_2、FU_3、FU_4、SB_4、FR_2 选用继电接触控制挂箱（二）挂件，M_1 选用三相鼠笼异步电动机 1（△/220V），M_2 选用三相鼠笼异步电动机 2（△/220V）。

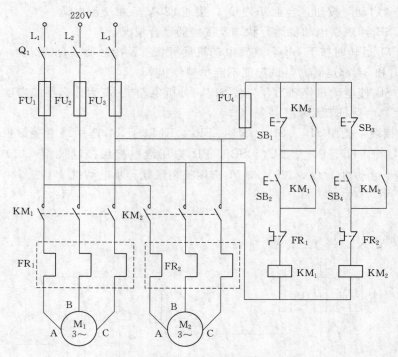

图 7.10　停止顺序控制

（1）按下屏上"启动"按钮，合上开关 Q_1，接通 220V 三相交流电源。

（2）按下 SB_2，观察并记录电动机及接触器运行状态。

（3）同时按下 SB_4，观察并记录电动机及接触器运行状态。

（4）在 M_1 与 M_2 都运行时，单独按下 SB_1，观察并记录电动机及接触器运行状态。

（5）在 M_1 与 M_2 都运行时，单独按下 SB_3，观察并记录电动机及接触器运行状态。

（6）按下 SB_3 使 M_2 停止后再按 SB_1，观察并记录电动机及接触器运行状态。

7.3.4　思考题

（1）画出图 7.8～图 7.10 的运行原理流程图。

（2）比较图 7.8～图 7.10 三种线路的不同点和各自的特点。

（3）列举几个顺序控制的机床控制实例，并说明其用途。

7.4　三相鼠笼异步电动机降压启动控制线路

7.4.1　实验目的

（1）通过对三相鼠笼异步电动机降压启动的接线，进一步掌握降压启动在机床控制中的应用。

（2）了解不同降压启动控制方式时电流和启动转矩的差别。

（3）掌握在各种不同场合下应用何种启动方式。

7.4.2　选用部件

1. 实验设备

实验设备见表7.4。

表 7.4　　　　　　　　　　　实 验 设 备 表

序号	名　　称	数量	序号	名　　称	数量
1	三相鼠笼异步电动机（△/220V）	1	4	三相可调电阻箱	1
2	继电接触控制挂箱（一）	1	5	交流电流表	1
3	继电接触控制挂箱（二）	1			

2. 屏上挂件排列顺序

三相可调电阻箱，继电接触控制挂箱（一），继电接触控制挂箱（二），交流电流表。

7.4.3　实验方法

1. 手动接触器控制串电阻降压启动控制线路

把三相可调电压调至线电压220V，按下屏上"停止"按钮。按图7.11接线，图中 FR_1、

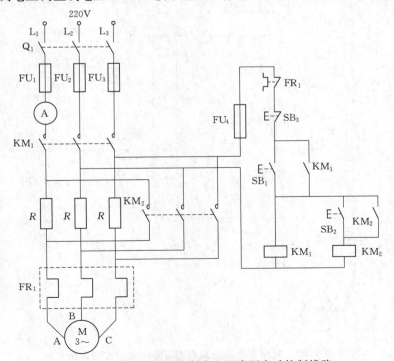

图 7.11　手动接触器控制串电阻降压启动控制线路

SB$_1$、SB$_2$、SB$_3$、KM$_1$、KM$_2$选用继电接触控制挂箱（一）挂件，FU$_1$、FU$_2$、FU$_3$、FU$_4$、Q$_1$选用继电接触控制挂箱（二）挂件，R 选用三相可调电阻箱上 180Ω 电阻，安培表选用交流电流表上的 3A 挡，电机选用三相鼠笼异步电动机（△/220V）。

（1）按下"启动"按钮，合上 Q$_1$开关，接通 220V 三相交流电源。

（2）按下 SB$_1$，观察并记录电动机串电阻启动运行情况、安培表读数。

（3）按下 SB$_2$，观察并记录电动机全压运行情况、安培表读数。

（4）按下 SB$_3$使电动机停转后，按住 SB$_2$不放，再同时按 SB$_1$，观察并记录全压启动时电动机和接触器的运行情况、安培表读数。

（5）试比较 $I_{串电阻}/I_{直接}=$ _____，并分析差异原因。

2. 时间继电器控制串电阻降压启动控制线路

关断电源后，按图 7.12 接线，图中 FR$_1$、SB$_1$、SB$_2$、KM$_1$、KM$_2$、KT$_1$选用继电接触控制挂箱（一）挂件，FU$_1$、FU$_2$、FU$_3$、FU$_4$、Q$_1$选用继电接触控制挂箱（二）挂件，R 选用三相可调电阻箱上 180Ω 电阻，安培表选用交流电流表上的 2.5A 挡，电机选用三相鼠笼异步电动机（△/220V）。

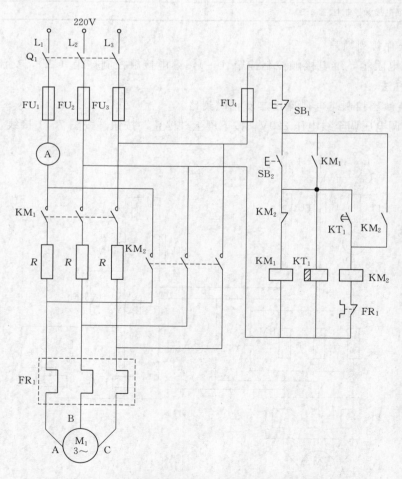

图 7.12　时间继电器控制串电阻降压启动控制线路

（1）启动电源，合上 Q_1，接通 220V 三相交流电源。

（2）按下 SB_2，观察并记录电动机串电阻启动时各接触器的吸合情况、电动机运行状态、安培表读数。

（3）隔一段时间，时间继电器 KT_1 吸合后，观察并记录电动机全压运行时各接触器吸合情况、电动机运行状态、安培表读数。

3. 接触器控制 Y-△ 降压启动控制线路

关断电源后，按图 7.13 接线，图中 SB_1、SB_2、SB_3、KM_1、KM_2、KM_3、FR_1 选用继电接触控制挂箱（一）挂件，FU_1、FU_2、FU_3、FU_4、Q_1 选用继电接触控制挂箱（二）挂件，安培表选用交流电流表上的 2.5A 挡，电机选用三相鼠笼异步电动机（△/220V）。

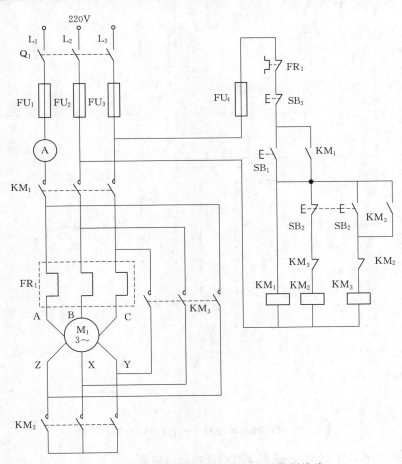

图 7.13 接触器控制 Y-△ 降压启动控制线路

（1）启动控制屏，合上 Q_1，接通 220V 三相交流电源。

（2）按下 SB_1，电动机做 Y 接法启动，注意观察启动时，电流表最大读数 $I_{Y启动}=$ _____ A。

（3）按下 SB_2，使电动机为 △ 接法正常运行，注意观察 △ 运行时，电流表电流 $I_{△运行}=$ _____ A。

（4）按下 SB_3 使电动机停转后，先按下 SB_2，再同时按下启动按钮 SB_1，观察电动机在

△接法直接启动时电流表最大读数 $I_{\triangle 启动}$ ＝_____ A。

（5）比较 $I_{Y启动} / I_{\triangle 启动}$ ＝_____，并分析结果。

4. 时间继电器控制 Y-△降压启动控制线路

关断电源后，按图 7.14 接线，图中 SB_1、SB_2、KM_1、KM_2、KM_3、KT_1、FR_1 选用继电接触控制挂箱（一）挂件，FU_1、FU_2、FU_3、FU_4、Q_1 选用继电接触控制挂箱（二）挂件，安培表选用交流电流表上的 2.5A 挡，电机选用三相鼠笼异步电动机（△/220V）。

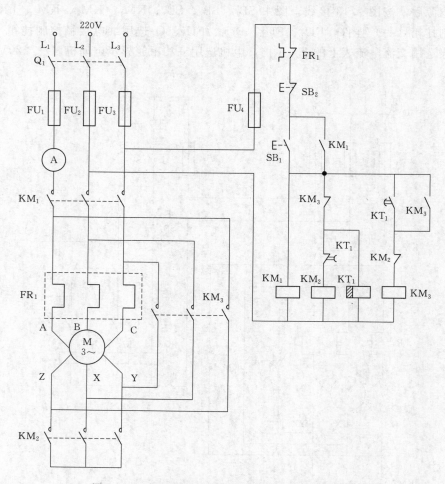

图 7.14　时间继电器控制 Y-△降压启动控制线路

（1）启动控制屏，合上 Q_1，接通 220V 三相交流电源。

（2）按下 SB_1，电动机做 Y 接法启动，观察并记录电动机运行情况和交流电流表读数。

（3）经过一定时间延时，电动机按△接法正常运行后，观察并记录电动机运行情况和交流电流表读数。

（4）按下 SB_2，电动机 M 停止运转。

7.4.4　思考题

（1）画出图 7.11～图 7.14 的工作原理流程图。

（2）时间继电器在图 7.12、图 7.14 中的作用是什么？

（3）图 7.12 比图 7.11 中串电阻方法有什么优点？

（4）采用 Y-△降压启动方法时对电动机有何要求？

（5）降压启动的最终目的是控制什么物理量？

（6）与手动控制线路相比，降压启动的自动控制有哪些优点？

7.5　三相线绕式异步电动机启动控制线路

7.5.1　实验目的

（1）通过对三相线绕式异步电动机启动控制线路的实际安装接线，掌握由电路原理图接成实际操作电路的方法。

（2）熟练掌握三相线绕式异步电动机的启动应用在何种场合，并有何特点？

7.5.2　选用组件

1. 实验设备

实验设备见表 7.5。

表 7.5　　　　　　　　　　　　　　实 验 设 备 表

序号	名　称	数量	序号	名　称	数量
1	继电接触控制挂箱（一）	1	4	交流电流表	1
2	继电接触控制挂箱（二）	1	5	三相线绕式异步电动机（Y/220V）	1
3	三相可调电阻箱	1			

2. 屏上挂件排列顺序

继电接触控制挂箱（一），继电接触控制挂箱（二），交流电流表，三相可调电阻箱。

7.5.3　实验方法

将可调三相输出调至 220V 线电压输出，再按下"停止"按钮切断电源后，按图 7.15 接

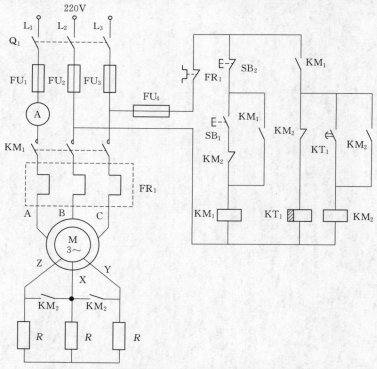

图 7.15　时间继电器控制线绕式异步电动机启动控制线路

线，图中 SB_1、SB_2、KM_1、KM_2、FR_1、KT_1 选用继电接触控制挂箱（一）挂件，FU_1、FU_2、FU_3、FU_4、Q_1 选用继电接触控制挂箱（二）挂件，R 选用三相可调电阻箱上 180Ω 电阻，安培表选用交流电流表上的 1A 挡。经检查无误后，按下列步骤操作：

（1）按下"启动"按钮，合上开关 Q_1，接通 220V 三相交流电源。

（2）按下 SB_1，观察并记录电动机 M 的运转情况。电机启动时电流表的最大读数为 _____ A。

（3）经过一段时间延时，启动电阻被切除后，电流表的读数为 _____ A。

（4）按下 SB_2，电动机停转后，用导线把电动机转子短接。

（5）按下 SB_1，记录电动机启动时电流表的最大读数为 _____ A。

7.5.4 思考题

（1）三相线绕式异步电动机转子串电阻除可以减小启动电流、提高功率因数、增加启动转矩外，还有什么作用？

（2）三相线绕式异步电动机的启动方法有哪几种？什么叫频敏变阻器，有何特点？

7.6　三相异步电动机能耗制动控制线路

7.6.1　实验目的

（1）通过能耗制动的实际接线，了解能耗制动的特点和适用范围。

（2）充分掌握能耗制动的原理。

7.6.2　选用组件

1. 实验设备

实验设备见表 7.6。

表 7.6　　　　　　　　　　　　　　　　　实 验 设 备 表

序号	名　　称	数量	序号	名　　称	数量
1	三相鼠笼异步电动机（△/220V）	1	4	继电接触控制挂箱（二）	1
2	直流数字电压、毫安、安培表	1	5	三相可调电阻箱	1
3	继电接触控制挂箱（一）	1			

2. 屏上挂件排列顺序

直流数字电压、毫安、安培表，继电接触控制挂箱（一），继电接触控制挂箱（二），三相可调电阻箱。

7.6.3　实验方法

开启交流电源，将三相输出线电压调至 220V，按下"停止"按钮，按图 7.16 接线，图

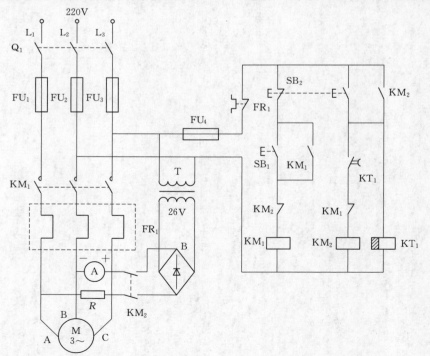

图 7.16　异步电动机能耗制动控制线路

中 SB$_1$、SB$_2$、KM$_1$、KM$_2$、KT$_1$、FR$_1$、T、B、R 选用继电接触控制挂箱（一）挂件，FU$_1$、FU$_2$、FU$_3$、FU$_4$、Q$_1$选用继电接触控制挂箱（二）挂件，安培表选用直流数字电压、毫安、安培表上 5A 挡。经检查无误后，按以下步骤通电操作：

（1）启动控制屏，合上开关 Q$_1$，接通 220V 三相交流电源。

（2）调节时间继电器，使延时时间为 5s。

（3）按下 SB$_1$，使电动机 M 启动运转。

（4）待电动机运转稳定后，按下 SB$_2$，观察并记录电动机 M 从按下 SB$_2$起至电动机停止旋转的能耗制动时间。

7.6.4 思考题

（1）分析能耗制动的制动原理特点。能耗制动适用在哪些场合？

（2）画出图 7.16 的原理流程图。

7.7　三相异步电动机单向启动及反接制动控制线路

7.7.1　实验目的

通过反接制动的实际接线，了解反接制动的特点和适用范围。

7.7.2　选用组件

1. 实验设备

实验设备见表 7.7。

表 7.7　实　验　设　备　表

序号	名　　称	数量	序号	名　　称	数量
1	三相鼠笼异步电动机（△/220V）	1	3	三相可调电阻箱	1
2	继电接触控制挂箱	1	4	波形测试及开关板	1

2. 屏上挂件排列顺序

波形测试及开关板，继电接触控制挂箱，三相可调电阻箱。

7.7.3　实验方法

按下"启动"按钮，调节控制屏左侧调压旋钮使输出线电压为 220V，然后按下"停止"按钮。按图 7.17 接线，图中 SB_1、SB_2、SB_3（模拟速度继电器）、FR、KM_1、KM_2 选用继

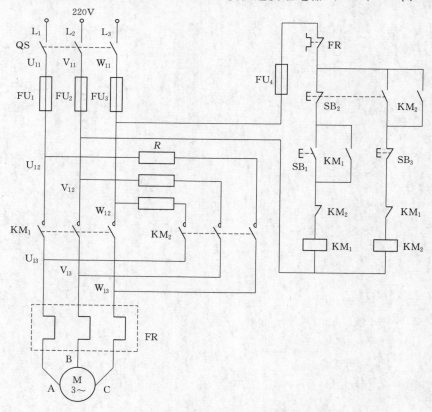

图 7.17　单向启动及反接制动控制线路

电接触控制挂箱挂件，R 选用三相可调电阻箱上的 180Ω 电阻，QS 选用波形测试及开关板挂件。

按下控制屏上的"启动"按钮，接通电源，合上开关 QS。

动作过程分析如下：

电动机启动过程：按下 SB_1，线圈 KM_1 得电，KM_1 的联锁触点断开。同时主触点 KM_1 闭合，电动机全压启动，此时 KM_1 的自锁触点断开。

电动机的反接制动过程：按下 SB_2，线圈 KM_1 失电，主触点 KM_1 断开。同时线圈 KM_2 得电，主触点 KM_2 闭合，反接制动开始，转速下降到一定值时，按下 SB_3，反接制动结束。

7.7.4 思考题

（1）分析反接制动的特点以及适用场合。

（2）速度继电器在反接制动中起到什么作用？

（3）试画出电动机反转时的反接制动线路图及原理流程图。

7.8　两地控制线路

7.8.1　实验目的

（1）掌握两地控制的特点，使学生对机床控制中两地控制有感性的认识。

（2）通过对此实验的接线，掌握两地控制在机床控制中的应用场合。

7.8.2　选用组件

1. 实验设备

实验设备见表 7.8。

表 7.8　　　　　　　　　　　　　　　　实 验 设 备 表

序号	名　　称	数量	序号	名　　称	数量
1	三相鼠笼异步电动机（△/220V）	1	3	继电接触控制挂箱（二）	1
2	继电接触控制挂箱（一）	1			

2. 屏上挂件排列顺序

继电接触控制挂箱（一），继电接触控制挂箱（二）。

7.8.3　实验方法

在确保断电情况下，按图 7.18 接线，图中 SB_1、SB_2、SB_3、KM_1、FR_1 选用继电接触控制挂箱（一）挂件，Q_1、FU_1、FU_2、FU_3、FU_4、SB_4 选用继电接触控制挂箱（二）挂件，电机选用三相鼠笼异步电动机（△/220V）。

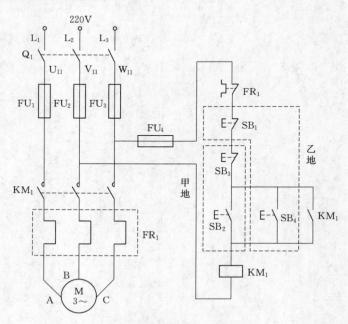

图 7.18　两地控制线路

（1）按下屏上"启动"按钮，合上开关 Q_1，接通 220V 三相交流电源。

（2）按下 SB_2，观察电动机及接触器运行状况。

（3）按下 SB_1，观察电动机及接触器运行状况。

（4）按下 SB_4，观察电动机及接触器运行状况。

（5）按下 SB_3，观察电动机及接触器运行状况。

7.8.4 思考题

（1）什么叫两地控制？两地控制有何特点？

（2）两地控制的接线原则是什么？

7.9　工作台自动往返循环控制线路

7.9.1　实验目的

（1）通过对工作台自动往返循环控制线路的实际安装接线，掌握由电气原理图变换成安装接线图的方法，掌握行程控制中行程开关的作用以及在机床电路中的应用。

（2）通过实验进一步加深自动往返循环控制在机床电路中的应用场合。

7.9.2　选用挂件

1. 实验设备

实验设备见表 7.9。

表 7.9　　　　　　　　　　　　　　　实 验 设 备 表

序号	名　　称	数量	序号	名　　称	数量
1	三相鼠笼异步电动机（△/220V）	1	3	继电接触控制挂箱（二）	1
2	继电接触控制挂箱（一）	1			

2. 屏上挂件排列顺序

继电接触控制挂箱（一），继电接触控制挂箱（二）。

7.9.3　实验方法

如图 7.19 所示，当工作台的挡铁停在行程开关 ST_1 和 ST_2 之间任何位置时，可以按下任一启动按钮 SB_1 或 SB_2 使之运行。例如按下 SB_1，电动机正转带动工作台左进，当工作台到达终点时挡铁压下终点行程开关 ST_1，使其常闭触点 ST_{1-1} 断开，接触器 KM_1 因线圈断电而释放，电动机停转；同时行程开关 ST_1 的常开触点 ST_{1-2} 闭合，使接触器 KM_2 通电吸合且自锁，电动机反转，拖动工作台向右移动；同时 ST_1 复位，为下次正转做准备，当电动机反转拖动工作台向右移动到一定位置时，挡铁 2 碰到行程开关 ST_2，使 ST_{2-1} 断开，KM_2 断电释放，电动机停电释放，电动机停转；同时常开触点 ST_{2-2} 闭合，使 KM_1 通电并自锁，电动机又开始正转，如此反复循环，使工作台在预定行程内自动反复运动。

按图 7.19（a）接线，图中 SB_1、SB_2、SB_3、FR_1、KM_1、KM_2 选用继电接触控制挂箱（一）挂件，FU_1、FU_2、FU_3、FU_4、Q_1、ST_1、ST_2、ST_3、ST_4 选用继电接触控制挂箱（二）挂件，电机选用三相鼠笼异步电动机（△/220V）。经检查无误后通电操作：

（1）合上开关 Q_1，接通 220V 三相交流电源。

（2）按下 SB_1 按钮，使电动机正转约 10s。

（3）用手按 ST_1（模拟工作台左进到终点，挡铁压下行程开关 ST_1），观察电动机应停止正转并变为反转。

（4）反转约 30s，用手压 ST_2（模拟工作台右进到终点，挡铁压下行程开关 ST_2），观察电动机应停止反转并变为正转。

（5）正转 10s 后按下 ST_3 和反转 10s 后按下 ST_4，观察电动机运转情况。

（6）重复上述步骤，线路应能正常工作。

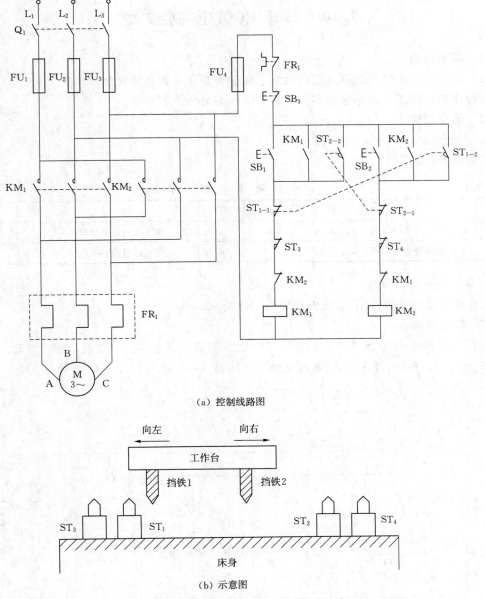

（a）控制线路图

（b）示意图

图 7.19 工作台自动往返循环控制线路

7.9.4 思考题

（1）行程开关主要用于什么场合，它是运用什么来达到行程控制，行程开关一般安装在什么地方？

（2）图中 ST_3、ST_4 在行程控制中起什么作用？

（3）列举几种限位保护的机床控制实例。

7.10　车床电气控制线路

7.10.1　实验目的

（1）通过对车床电气控制线路的接线，使学生真正掌握机床控制的原理。

（2）让学生真正从书本走向实际，接触实际的机床控制。

7.10.2　选用组件

1. 实验设备

实验设备见表 7.10。

表 7.10　　　　　　　　　　　　　实 验 设 备 表

序号	名　　称	数量	序号	名　　称	数量
1	三相鼠笼异步电动机 1（△/220V）	1	3	继电接触控制挂箱（一）	1
2	三相鼠笼异步电动机 2（△/220V）	1	4	继电接触控制挂箱（二）	1

2. 屏上挂件排列顺序

继电接触控制挂箱（一），继电接触控制挂箱（二）。

7.10.3　实验方法

调节三相输出线电压 220V，按下"停止"按钮，按图 7.20 接线，图中 FR_1、SB_1、SB_2、KM_1、T、HL_1、HL_2 选用继电接触控制挂箱（一）挂件，Q_1、Q_2、Q_3、FR_2、FU_1、

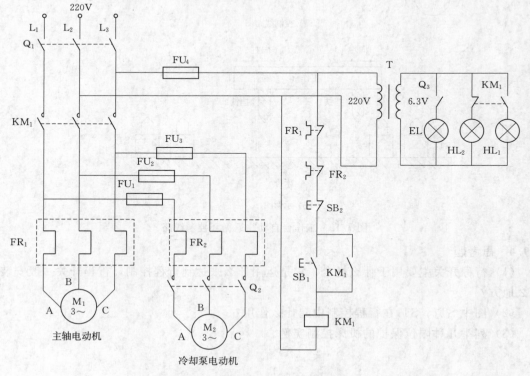

图 7.20　C620 车床的电气控制线路

FU_2、FU_3、FU_4、EL 选用继电接触控制挂箱（二）挂件，M_1 选用三相鼠笼异步电动机 1（$\triangle$/220V），M_2 选用三相鼠笼异步电动机 2（$\triangle$/220V）。接线完毕，检查无误后，按以下步骤操作：

（1）启动控制屏，合上开关 Q_1，接通 220V 三相交流电源。

（2）按下 SB_1，KM_1 通电吸合，主轴电动机 M_1 启动运转。

（3）合上开关 Q_2，冷却泵电动机 M_2 启动运转。

（4）按下 SB_2，KM_1 线圈断电，主轴电动机 M_1 断电停止运转，同时冷却泵电动机 M_2 也停止运转。

（5）图中 EL 为机床工作灯，由开关 Q_3 控制。

7.10.4　思考题

（1）试分析冷却泵电机为什么接在 KM_1 下面。

（2）分析车床控制线路具有什么保护。

7.11　电动葫芦电气控制线路

7.11.1　实验目的

（1）学习并掌握电动葫芦的提升和移行机构电气控制的方法。

（2）学习用限位开关对三相异步电动机进行能耗制动并观察其制动效果。

7.11.2　选用组件

1. 实验设备

实验设备见表 7.11。

表 7.11　　　　　　　　　　　　　　实 验 设 备 表

序号	名　　称	数量	序号	名　　称	数量
1	继电接触控制挂箱（一）	1	3	三相鼠笼异步电动机 1（△/220V）	1
2	继电接触控制挂箱（二）	1	4	三相鼠笼异步电动机 2（△/220V）	1

2. 屏上挂件排列顺序

继电接触控制挂箱（一），继电接触控制挂箱（二）。

7.11.3　实验方法

（1）调节三相可调输出线电压 220V，按下"停止"按钮，按图 7.21 接线，图中 SB_1、SB_2、SB_3、KM_1、KM_2、KM_3、FR_1、T、B、R 选用继电接触控制挂箱（一）挂件，Q_1、FU_1、FU_2、FU_3、FU_4、KA_1、KA_2、SB_4、ST_1 选用继电接触控制挂箱（二）挂件，M_1 选用三相鼠笼异步电动机 1（△/220V），M_2 选用三相鼠笼异步电动机 2（△/220V）。先对热继电器的整定电流进行调整，调整在 M_1 三相鼠笼异步电动机的额定电流 0.5A 位置。

（2）电动机 M_1 装在导轨上，电动机 M_2 放在实验桌的台面上，分别模拟升降、移行电动机。

（3）线路连接完成，经检查无误后，方可按下列步骤进行通电实验。假定电动机 M_1 提升为顺时针转向，电动机 M_2 向前移行为顺时针转向，则按下 SB_1 及 SB_3 应符合转向要求；若不符合要求，应调整相序使电动机转向符合顺时针的假定要求。

（4）按下 SB_2 及 SB_4，M_1 及 M_2 的转向应符合逆时针转向要求，在电动机 M_1 运转的状态下，按下 ST_1 即对电动机能耗制动，观察电动机应很快停转，以模拟实际电葫芦的升降。电动机停机时，必须有制动电磁铁（即抱闸）将其轴卡住，能使重物悬挂在空中。

（5）再次操作各按钮，先按下 SB_2，电动机 M_1 逆时针转向（下降），再按下 SB_3，电动机 M_2 顺时针转向（向前），改为按下 SB_4，电动机 M_2 逆时针转向（向后），松开各按钮，电动机应停止运转；按下 SB_1，电动机 M_1 顺时针运转（提升），按 10s（模拟电动机已提升到最高位），此时按下 ST_1（模拟提升到最高位碰撞限位开关 ST_1），电动机应很快停止运转。

（6）为了在实际操作中保证安全，要求每次只按下一个按钮，以使重物升降时不做移行运行，或在移行运行时不使重物做升降运动。也可设想在电路中加联锁使操作更安全。

7.11.4　思考题

（1）为什么在电动葫芦控制电路中，按钮要采用点动控制？

（2）在图 7.21 中，行程开关 ST_1 起到什么作用？

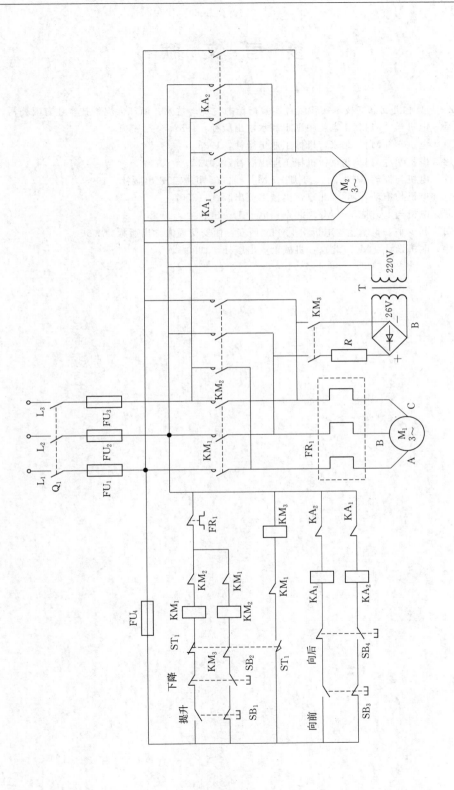

图 7.21 电动葫芦电气控制线路

参 考 文 献

［1］ DDSZ-1型电机及电气技术实验装置实验指导书［Z］. 杭州：浙江天煌科技实业有限公司，2002.

［2］ 陈道舜. 电机学［M］. 北京：中国水利水电出版社，1987.

［3］ 许实章. 电机学［M］. 北京：机械工业出版社，1988.

［4］ 汤蕴璆. 电机学［M］. 北京：机械工业出版社，2012.

［5］ 顾绳谷. 电机与拖动基础（上、下册）［M］. 北京：机械工业出版社，1998.

［6］ 孙建忠. 电机与拖动［M］. 北京：机械工业出版社，2007.

［7］ 邱阿瑞. 电机与电力拖动［M］. 北京：电子工业出版社，2002.

［8］ 阎治安，苏少平，崔新艺. 电机学［M］. 西安：西安交通大学出版社，2006.

［9］ 陈世坤. 电机设计［M］. 北京：机械工业出版社，1990.

附录1 受试电机铭牌数据一览表

序号	名　　称	P_N /W	U_N /V	I_N /A	n_N /(r/min)	U_{fN} /V	I_{fN} /A	绝缘等级	备注
1	三相组式变压器	230/230	380/95	0.35/1.4					Y/Y
2	三相芯式变压器	152/152 /152	220/63.6 /55	0.4/1.38 /1.6					Y/△/Y
3	直流复励发电机	100	200	0.5	1600			E	
4	直流串励电动机	120	220	0.8	1400			E	
5	直流并励电动机	185	220	1.2	1600	220	<0.16	E	
6	三相鼠笼异步电动机1	100	220（△）	0.5	1420			E	
7	三相线绕式异步电动机	120	220（Y）	0.6	1380			E	
8	三相同步发电机	170	220（Y）	0.45	1500	14	1.2	E	
9	三相同步电动机	90	220（Y）	0.35	1500	10	0.8	E	
10	单相电容启动电动机	90	220	1.45	1400			E	C=35μF
11	单相电容运行电动机	120	220	1.0	1420			E	C=4μF
12	单相电阻启动电动机	90	220	1.45	1400			E	
13	双速异步电动机	120/90	220	0.6/0.6	2820/1400			E	YY/△
14	校正直流测功机	355	220	2.2	1500	220	<0.16	E	
15	三相鼠笼异步电动机2	180	220（△） /380（Y）	1.14/0.66	1430			E	
16	直流他励电动机	80	220	0.5	1500	220	<0.13	E	
17	三相鼠笼异步电动机3	180	380（△）	1.12	1430			E	

附录 2　标准直流测功机测试典型值及校正曲线

I_F/A		0	0.1	0.2	0.3	0.4	0.5	0.6	0.7	0.8	0.9	1.0
$I_f=50\text{mA}$	$T_2/(\text{N}\cdot\text{m})$	0.11	0.183	0.256	0.33	0.402	0.471	0.54	0.606	0.672	0.74	0.798
$I_f=100\text{mA}$	$T_2/(\text{N}\cdot\text{m})$	0.183	0.29	0.395	0.505	0.612	0.72	0.828	0.936	1.045	1.155	1.265
I_F/A		1.1	1.2	1.3	1.4	1.5	1.6	1.7	1.8	1.9	2.0	
$I_f=50\text{mA}$	$T_2/(\text{N}\cdot\text{m})$	0.856	0.914	0.964	1.012	1.056	1.1	1.142	1.178	1.217	1.25	
$I_f=100\text{mA}$	$T_2/(\text{N}\cdot\text{m})$	1.375	1.482	1.588	1.69	1.789	1.887	1.986	2.08	2.17	2.251	

注　校正直流电机在转速 $n=1400\sim1600\text{r/min}$、$I_f$ 分别为 50mA 和 100mA 时的输出电流 I_F 及其对应的输出转矩 T_2 值的测试记录。（用标准测功机测试取得该类电机的典型值）

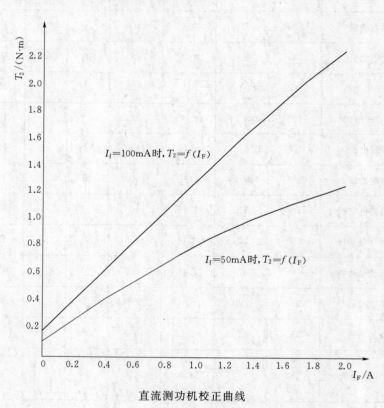

直流测功机校正曲线